잠 못들 정도로 재미있는 이야기

상대성 이론

오미야 노부미쓰 지음 | **조헌국** 감역 | **이영란** 옮김

BM (주)도서출판 **성안당**

아인슈타인이 상대성 이론을 만들어 내기까지는 여러 선인들의 지혜와 긴 여정이 있었다. 고대 그리스의 아리스토텔레스와 16세기의 코페르니쿠스가 주장한 지동설은 갈릴레이로 이어졌고, 그 후 뉴턴은 갈릴레이가 제창한 〈관성의 법칙〉을 정리하여 〈뉴턴의 운동 제1법칙〉을 포함한 세 가지 〈운동의 법칙〉을 기본원리로 한 뉴턴 역학을 완성시켰다.

마침내 뉴턴 역학은 과학적 사고의 기초가 되었고, 시공간을 절대시하는 그 세계관은 산업혁명에서 기술혁신을 일으키는 데 있어 필수적이었다. 정말로 산업혁명과 그 후 계속된 19세기 중반부터 20세기 초반까지의 팍스 브리타니카(역자주: 19세기 영국의 전성시대를 일컬음)는 뉴턴 역학에 의해 이루어졌다고 해도 과언이 아니다.

그 한편으로는 영국의 패러데이가 착수하고 맥스웰이 완성시킨 전자기학의 발전에 의해 뉴턴 역학으로는 설명할 수 없는 현상이 차례로 발견되었다. 네덜란드의 로렌츠는 전자기 현상에서는 뉴턴 역학이 통용되지 않는다는 것을 밝혀냈다.

오늘날 물질문명을 지지하는 뉴턴 역학이 전자기 현상에 대해서는 쓸모없게 되는 것을 어떻게 해서든 해결하려고 다양한 연구를 한 결과 상대성 이론과 양자역학이 태어났다. 이는 현상의 시간적 · 공간적 및 인과적 기술에 대한 제약과 시공간 개념이 절대적이지 않다는 것을 밝혀냈다. 뉴턴 역학이 만들어 낸 근대의 생산기술이 역으로 뉴턴 역학을 뛰어 넘는 사실의 존재를 인류에게 보여준 것이다.

특수 상대성 이론이 발표된 것은 1905년으로, 때는 바야흐로 대영제국

이 융성했던 19세기의 팍스 브리타니카에서 20세기 미국의 전성시대인 팍스 아메리카나로의 전환을 상징하는 대사건 중 하나라고 할 수 있다.

특수 상대성 이론은 양자역학과 협력하면서 컴퓨터와 통신기기 안팎에서 전자와 전파의 움직임에 대한 기초를 놓았고, 고속철도와 제트 비행기의 뒤받침이 되었으며 특히 에너지와 질량의 동등성($E=mc^2$)이 원자폭탄의 탄생을 불러일으켰다.

그런데 특수 상대성 이론은 두 가지 약점을 안고 있었다. 하나는 그 이론이 관성계에서만 적용되지 관성계 이외의 속도가 변하는 기준계에서는 사용할 수 없다는 점이다. 또 다른 하나는 중력의 문제를 다룰 수 없다는 점이었다. 이 두 가지 문제를 해결하기 위해 아인슈타인은 제1차 세계대전 중인 1916년에 일반 상대성 이론을 발표했다.

이상이 상대성 이론이 태어나기까지의 대략적인 경위이다. 이를 참고로 본문을 읽어 가기 바란다.

전 우주 시공간의 신비와 에너지, 질량의 수수께끼가 깃든 상대성 이론의 전모와 깊이를 쉽게 이해할 수 없다는 것은 누구나 다 아는 사실이다. 실제로 많은 사람들이 상대성 이론의 깊은 숲에 들어가 헤매고 있다.

하지만 상대성 이론의 토대는 '상대성 원리'와 '광속불변의 원리'라는 두 가지 원리로 되어 있다. 이 두 가지 원리를 잘 이해해 두면 상대성 이론을 보다 쉽게 이해할 수 있다. 이 점을 염두에 두고 모르는 부분은 천천히 시간을 두고 생각하면서 읽어 가면 상대성 이론이 우리 생활에 빼놓을 수 없는 것이라는 것을 알 수 있을 것이다. 부디 마지막까지 즐기면서 읽기 바란다.

오미야 노부미쓰(大宮 信光)

차례

CONTENTS

잠 못들 정도로 재미있는 이야기 상대성 이론

제3장

양자역학과 함께 마이크로의 세계로 61

제4장

일반 상대성 이론의 전모 81

제5장

제 1 장

상대성 이론 탄생 이전의 물리학

01 중세에 이별을 고한 갈릴레이의 대발견

'관성계'는 반드시 존재한다

모든 물체는 외부로부터 힘이 작용하지 않을 경우에는 등속도 운동을 한다(=물체가 정지해 있는 경우와 그렇지 않은 경우도 외부 힘의 작용이 없는 한 똑같은 상태를 계속 유지하려고 한다)는 성질을 타성 또는 관성이라고 하며, '모든 물체는 관성을 갖고 있다'는 법칙을 《관성의 법칙》이라고 한다. 그리고 이 《관성의 법칙》이야말로 유럽이 중세에 이별을 고했다고 할 수 있는 갈릴레오 갈릴레이의 대발견이다. 뉴턴(1642~1727년)도 관성의 법칙을 뉴턴 역학의 제1법칙으로 도입했다.

예를 들어 마차를 생각해 보자. 마차는 말이 힘을 계속 가하면서 끌어야 계속 움직인다. 대다수의 중세 유럽의 지식인들은 아리스토텔레스(기원전 384~322년)의 주장대로 힘을 계속 가해야 운동이 지속된다고 생각했다.

갈릴레이는 코페르니쿠스의 지동설을 지지한 탓에 종교재판까지 받았지만 '그래도 지구는 돈다'라고 했다. 천동설을 믿는 사람들은 물었다. 탑에 올라가 돌을 던지면 땅에 떨어질 때까지 시간이 걸리는데 만일 지구가 돌고 있다면 조금 어긋난 위치에 돌이 떨어질 터이다. 그러나 실제로는 바로 아래에 떨어지지 않느냐? 갈릴레이는 이렇게 대답했다. 움직이고 있는 배의 돛에서 물체를 떨어뜨려 보라. 배가 움직이고 있어도 움직이지 않아도 바로 아래에 떨어진다. 따라서 돌이 바로 아래에 떨어진다고 해서 지구가 움직이고 있지 않다고 말할 수 없다. 그렇다고 해서 지구가 움직이고 있다고도 할 수 없지만 다른 곳에 떨어져 있는 작은 배에서 보면 돌의 낙하는 다르게 보인다. 이 고찰이 갈릴레이의 상대성 원리를 이끌어 냈다. 지동설은 추후에 뉴턴이 관성을 비롯한 운동 법칙을 공식화함으로써 널리 인정받게 되었다.

마차가 등속 운동을 하는 것은
말이 힘을 가하고 있기
때문이야.
마차
중세
마찰력을 없애고 있을
뿐이잖아.
현대
힘을 가하지 않아도 계속 난다.

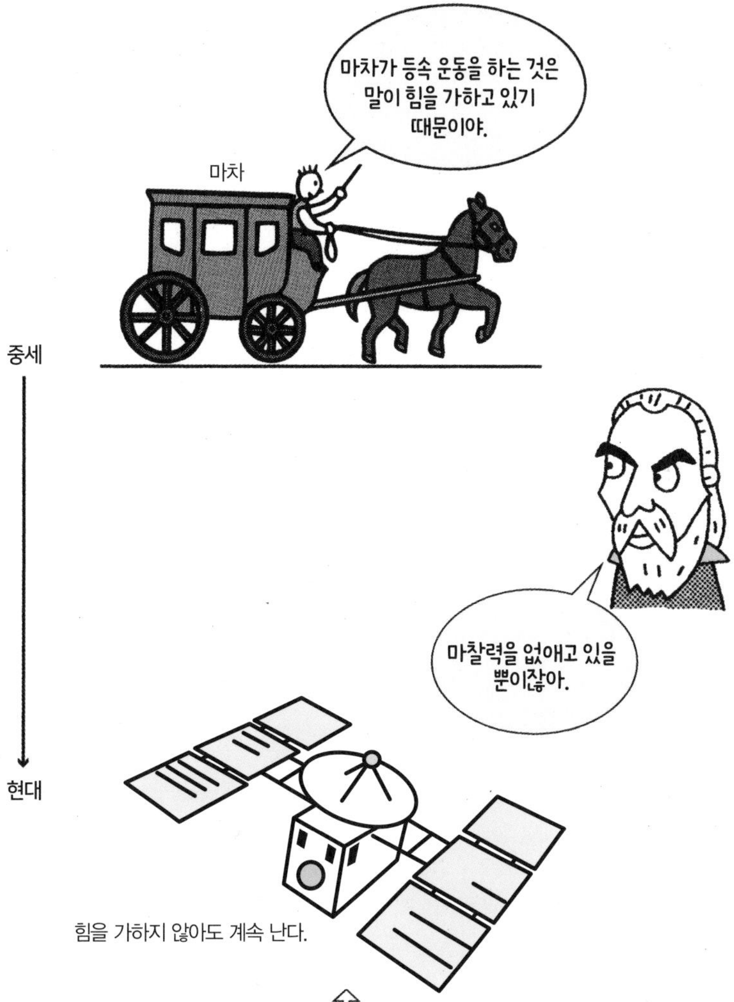

뉴턴의 운동

- 제1법칙 — 등속도 운동 ← 외부의 힘을 받지 않는다.
- 제2법칙 — 가속도 운동 ← 외부의 힘을 받는다. (F = ma)
- 제3법칙 — 우주의 모든 힘은 쌍으로 작용한다. (작용, 반작용으로)

02 갈릴레이의 상대성 원리란?

아인슈타인의 상대성 이론의 포석이 되다

갈릴레이가 지금 살아 있다면 돛에 올라가는 일은 제안하지 않았을 것이다. 전철을 타고 자리에 앉아 전철이 등속으로 움직이고 있을 때 키홀더를 들어 떨어뜨려 보라고 할 것이다. 그러면 바로 아래에 떨어진다. 물론 전철이 멈춰 있을 때도 바로 아래에 떨어진다. 왜냐하면 관성의 법칙, 즉 뉴턴의 운동 제1법칙이 적용되기 때문이다. 갈릴레이는 물체가 자유낙하를 할 때 중력이 계속 작용하여 등가속도 운동을 하는 것을 실험으로 확인했다. 바로 이것을 보편화한 것이 뉴턴의 운동 제2법칙이다.

한편 전철 밖에 서 있는 사람이 볼 때는, 다시 말해서 그 사람을 기준으로 해서 볼 때는 오른쪽 그림과 같이 포물선 운동을 한다. 갈릴레이는 이 포물선 운동을 수직 방향과 수평 방향으로 분해했다. 수직 방향으로는 전철 안의 좌표계를 기준으로 한 경우와 마찬가지로 뉴턴의 운동 제2법칙이 적용된다. 수평 방향으로는 물체가 떨어지려고 하는 순간 전철이 수평으로 달리는 힘이 물체에 옮겨가 물체도 전철과 함께 수평으로 움직인다. 일단 움직이기 시작하면 그대로 계속 움직여 전철과 똑같은 속도로 등속 운동(등속직선 운동)을 한다. 이때 관성의 법칙이 성립하는 뉴턴의 제1법칙이 적용된다.

이렇게 '서로 상대하여 일정한 속도로 움직이는 좌표계에서 물체의 운동을 보면 동일한 운동의 법칙을 양쪽 좌표계에 적용시킬 수 있다'는 것이 갈릴레이의 상대성 원리로, 아인슈타인의 상대성 이론의 포석이 된다.

다음은 또 하나의 원리인 광속불변의 원리가 태어나는 경위를 살펴보자.

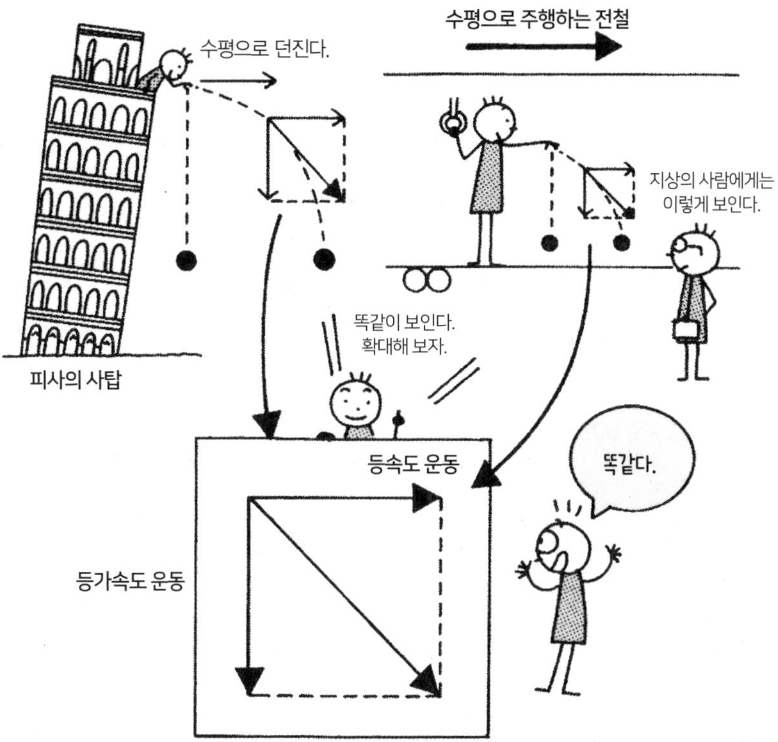

수평으로 던진다.

수평으로 주행하는 전철

지상의 사람에게는
이렇게 보인다.

피사의 사탑

똑같이 보인다.
확대해 보자.

등속도 운동

똑같다.

등가속도 운동

등속도 운동

이걸 관성의 법칙이라고
하는 거야.

지금 이대로 있고 싶어~

흠~

E=mc²

03 중력과 빛은 모두 에테르를 통해 전달된다?

빛의 실체에는 2가지 설이 있었다

물체를 움직이려면 손으로 만져서 힘을 가해야 한다. 공을 배트로 치려면 공과 배트가 접촉해야 한다. 스토브 옆에서 만지지 않고 서 있어도 따뜻함을 느끼는 것은 스토브에서 나오는 열선이 피부에 닿기 때문이다. 이와 같이 접촉해서 전달되는 작용을 근접 작용이라고 한다.

하지만 사과가 지면에 떨어지듯이 달이 계속 지면을 향해 떨어지고 있기 때문에 지구를 돌고 있지만 달과 지구는 접촉하지 않는다. 뉴턴은 지구가 달을 끌어당기는 중력(만유인력)은 근접 작용이 아니라 원격 작용이라고 생각했다.

그러나 뉴턴과 동 시대를 산 네덜란드의 하위헌스(1629~1695년)는 대부분의 작용이 근접 작용인데 중력만 예외라는 것은 이상하다고 생각했다. '에테

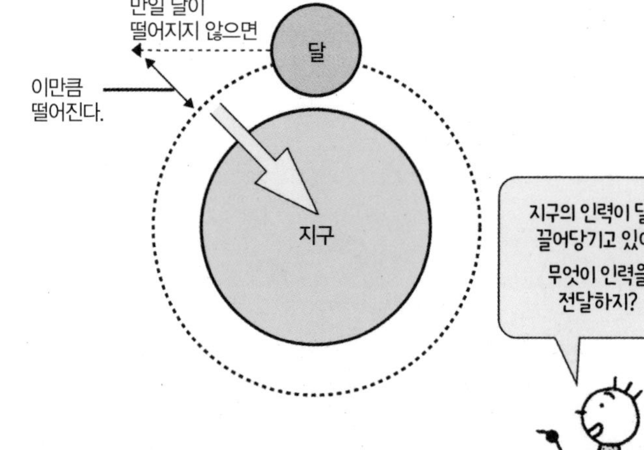

르'라고 이름 붙인 가상의 매질이 우주 전체 어디에나 존재한다. 소리가 공기를 매질로 전달되듯이 만유인력도 에테르를 매질로 멀리까지 전달된다. 이렇게 생각하고 만유인력도 근접 작용에 넣어 버렸다.

그 후 전자기 현상에 관한 실험이 진행되면서 그 현상도 에테르라는 물질의 탄성에 의한 것이라고 생각하는 사람이 나타났다. 그리고 빛도 에테르의 파동이라고 하는 학설이 생겨났다.

빛의 실체에 대해서는 2가지 설이 있었다. 바로 빛의 입자설과 빛의 파동설이다. 19세기에 빛의 파동설이 유력해지자 빛이 파동에 의해 전달된다면 파동을 담당하는 매질이 있어야 하는데 그것이 바로 에테르라는 것이다.

이 에테르설은 물리학자라면 누구나 믿는 신념이 되었다. 그러나 이를 최종적으로 뒤흔들면서 대혁명을 일으킨 사람이 아인슈타인이었다.

뉴턴
원격으로 힘이 전달될 수 있어.
하위헌스
납득이 안 돼. 전달하는 물질이 있어야 해.
영국
네덜란드

(원격 지배의 팍스 브리타니카)

(어디까지 실제 사물에 비추어 생각하는 네덜란드 사람)

04 빛은 전기와 자기를 통일시킨 심벌

전자기 현상 모두를 결착시킨 맥스웰 방정식

영국의 실험가인 패러데이(1791~1867년)는 1847년에 선글라스에 사용되는 편광 유리를 사용하여 획기적인 실험을 했다. 오른쪽의 그림 ③과 같이 빛을 편광 유리에 통과시키면 특정한 방향으로만 진동하는 빛을 추출할 수 있다. 이 빛을 다시 한 번 편광 유리에 대면 편광 방향과 편광 유리의 투과 방향이 딱 일치하면 투과하고, 그렇지 않으면 전혀 투과되지 않는다. 이는 빛은 진행 방향에 대해 수직인 면에서 진동하는 횡파(그림 ①)라는 것이다. 패러데이는 편광 유리로 한 번 변경시킨 빛을 자기장 안에 통과시켜 보았다. 그러자 편광 방향이 자기장에 의해 회전되는 것을 발견했다. 이는 빛이 자기장과 반응한다는 것을 의미하며 빛 자체가 전자기장의 진동일 가능성을 시사해 준다.

그 후로 약 10년이 지나 프랑스의 앙페르(1775~1836년)가 어떤 양전하를 자기장 속에 넣은 전선에 흘려보내 전류 요소의 속도를 측정하는 실험을 했다. 그러자 초속 30만 km라는 값이 나왔다. 이는 광속의 값과 똑같다. 그리고 1865년에 맥스웰이 겨우 4개의 방정식을 사용하여 모든 전자기 현상을 완전히 기술할 수 있다는 놀랄 만한 논문을 발표했다. 맥스웰은 이 결과에 도달하는 데 에테르의 운동을 소용돌이 모형으로 이미지화하여 다루었는데 놀랍게도 그가 도출한 방정식 안에는 어디에도 에테르 모습을 발견할 수 없었다.

이로써 전하와 전류 등 아무 것도 없는 진공 상태에서 전기장과 자기장은 한쪽의 변화가 다른 한쪽의 변화를 유도하는 형태로 빛의 속도를 가진 횡파로서 전달되어 간다는 것이 명료해졌다.

그림 ① **횡파란?**
입자는 파동이 전달되는 방향에 수직으로 진동한다.

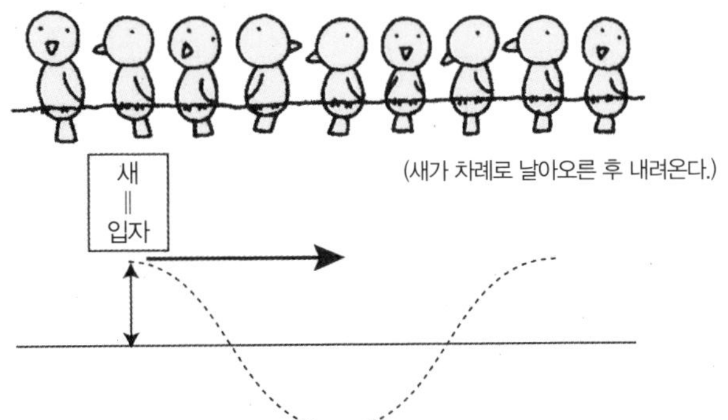

그림 ② **종파란?**
입자는 파동이 전달되는 방향에 수평으로 진동한다.

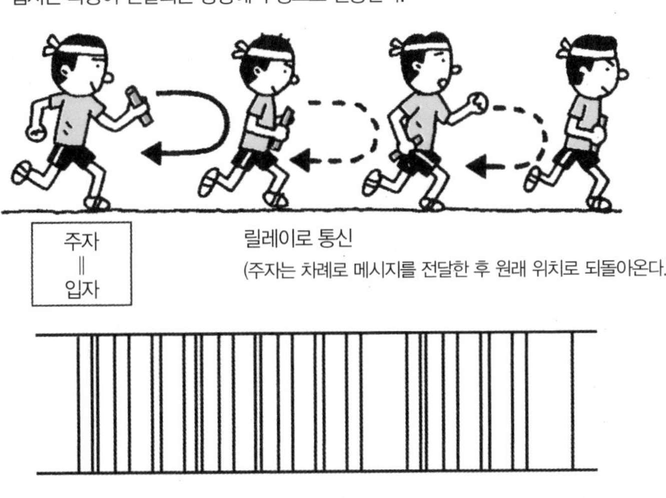

그림 ③ **패러데이가 한 빛의 편광 실험**

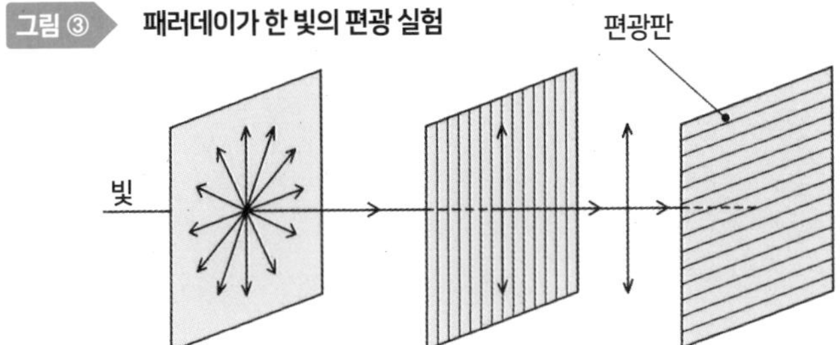

05 지구의 절대 속도를 구하는 방법

거울을 사용해 속도 구하기

전기력과 자기력 또는 전자파의 일종인 빛은 눈에는 보이지 않지만 전달하는 물질은 있을 터이다. 19세기 유럽 사람들은 그것을 에테르라고 이름 붙였고, 이 우주의 구석구석 모든 곳은 에테르의 바다로 채워져 있으며 빛이나 전자기력 그리고 중력이 이 에테르의 바다로 전달되어 간다는 이미지를 갖고 있었다. 그리고 지구는 태양의 주위를 운동하면서 에테르의 해원을 운행하고 있다고 생각하여 지구의 절대 속도를 구하려고 했다[구하는 방법 1].

그와 별도로 [구하는 방법 2]도 고안했다. 에테르에 대한 지구의 절대 속도를 V로 하면 지구상에 있는 관측자 A가 봤을 때는 반대 방향으로 V 속도로 에테르의 바람이 분다(그림 ①)는 것이다.

먼저 거울 B를 항상 A로부터 떨어진 거리 L에 놓는다. A에서 빛을 발사하면 B에서 반사되어 다시 A로 되돌아오도록 광선에 대해 직각으로 놓는다.

이 거울 B를 A로부터 지구의 세로 방향, 즉 선분 AB가 지평선에 평행이 되도록 놓는다. 그러면 에테르의 바람 방향으로, 즉 에테르에 대한 지구의 운동 속도와는 반대 방향으로 놓이게 된다. A로부터 나온 빛은 에테르의 바람을 타고 C+V의 속도로 B를 향해 거울에 반사되고, 그 다음 에테르 바람과 반대로 C−V 속도로 A에게 되돌아온다. AB 간의 거리는 L이므로 갈 때와 올 때에 걸리는 시간은 다음과 같다.

$\frac{\text{거리}}{\text{속도}} = \text{시간}$이므로 $T_1 = \frac{L}{C+V} + \frac{L}{C-V}$ 가 된다.

$$= \frac{2CL}{C^2 - V^2}$$

이번에는 거울 B를 지구의 가로 방향, 즉 선분 AB가 지평선에 대해 수직이 되도록 놓으면(그림 ②) 보트로 강의 맞은편 기슭으로 노를 젓는 것과 똑같으므로 속도는 피타고라스 정리에 의해 $\sqrt{C^2-V^2}$가 된다.

빛이 A→B→A로 운동할 때 걸리는 시간은 $T_2=\dfrac{2L}{\sqrt{C^2-V^2}}$ 가 된다. 따라서 다음과 같은 식이 나온다.

$$T_2 : T_1 = \frac{2L}{\sqrt{C^2-V^2}} : \frac{2CL}{C^2-V^2}$$

$$= 1 : \frac{C}{\sqrt{C^2-V^2}} = 1 : \frac{1}{K}$$

$$K = \sqrt{1-\left(\frac{V}{C}\right)^2}$$

이 식에서 V가 0이지 않는 한 K가 1은 되지 않으므로 지구의 절대속도 V를 구할 수 있다.

【구하는 방법 1】

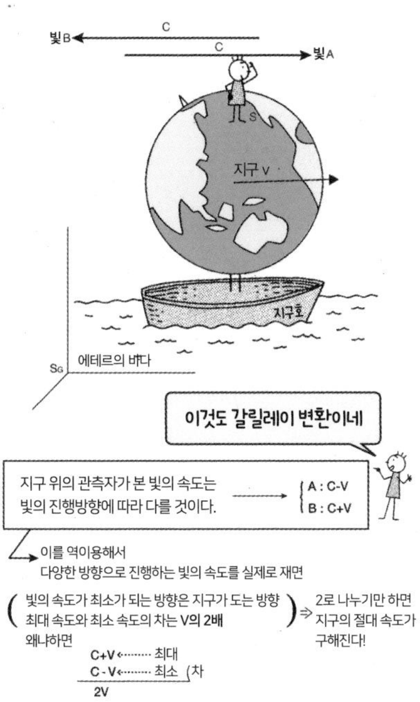

【구하는 방법 2】

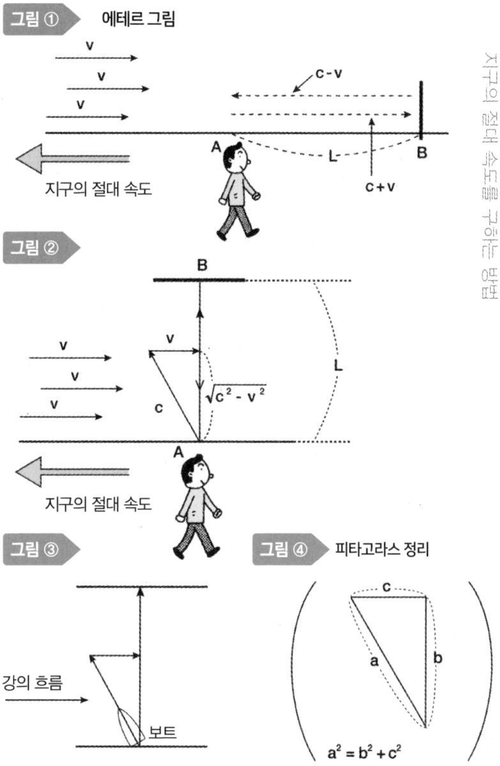

06 20세기 초 물리학을 뒤덮은 먹구름

마이컬슨&몰리의 실험

미국의 마이컬슨은 해군 사관학교를 졸업하고 2년 동안 해군으로 복무한 후 모교에서 물리학과 화학을 가르쳤다. 그러다가 1877년 무렵부터는 빛의 측정을 시작했다.

1880년에는 유럽으로 건너가 독일의 헬름홀츠 연구소에서 빛을 이용한 지구의 절대 운동 V를 측정하는 예비 실험을 시작했다. 지구라는 우주선의 절대 속도에 관심을 가진 것은 군함 근무 경험이 작용했을지도 모른다.

미국으로 돌아와서는 몰리라는 협력자를 만났고 전화기의 발명가인 알렉산더 벨(1847~1922년)의 재정적인 지원을 받아 본격적인 실험에 돌입했다. 무엇보다 놀라운 것은 폭이 11m나 되는 수은조에 띄운 나무 원판 위에 무거운 돌을 쌓아 그 위에서 실험을 했다는 점이다.

실험의 기본적인 개념은 앞에서 설명했듯이 앞 항목의 그림 ①과 그림 ②를 도킹시킨 오른쪽의 그림 ①이 실험의 원리이다.

실제로 실험 장치를 위에서 보면 그림 ②와 같은데, A에는 반투명한 거울을 놓아 입사와 반사를 둘 다 할 수 있다. 마이컬슨이 설계한 간섭계가 실험의 핵심이다. 광선 C에서 발사한 빛이 B_1과 B_2 거울에서 반사되어 간섭계에서 간섭 줄무늬를 만듦으로써 앞 항목에서 설명한 $T_2:T_1$을 알 수 있고, V를 구할 수 있다는 생각이었다. 그런데 아무리 실험의 정밀도를 올리고 실험을 반복해도 간섭 줄무늬의 명암 변화가 일어나지 않아 V를 구할 수 없었다! 어쩌면 에테르는 전혀 존재하지 않을지도 모른다. 이 문제는 이렇게 20세기 초의 물리학에 먹구름을 끼게 한 것이다.

그림 ①

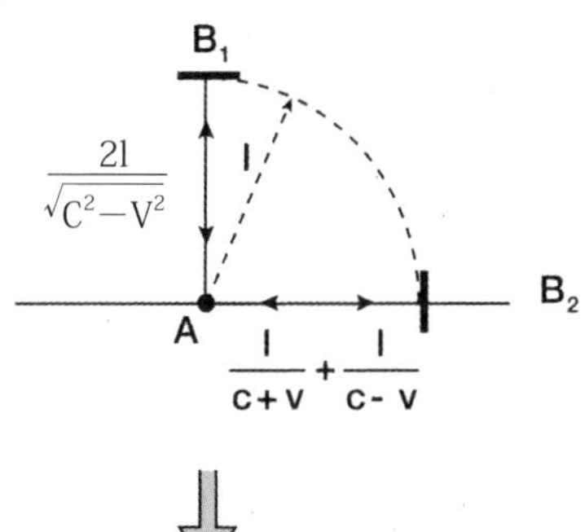

그림 ②

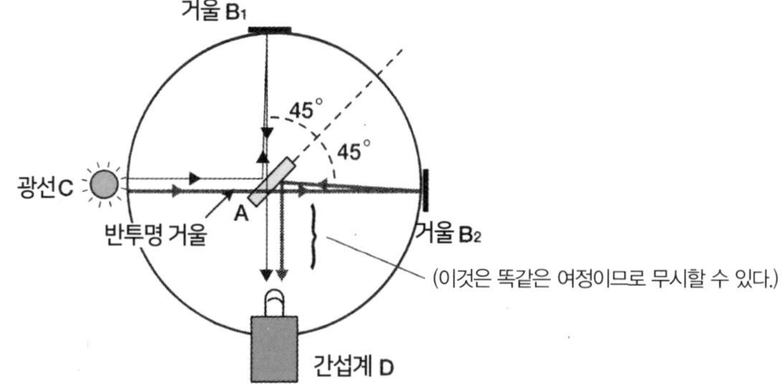

간섭이란? 2개의 파동이 겹칠 때 파동의 산과 산, 골과 골이 겹치면 2개의 파동은 서로 협력하여 강한 파동이 되고, 산과 골이 겹치면 양쪽의 파동은 상쇄되어 약한 파동이 된다.

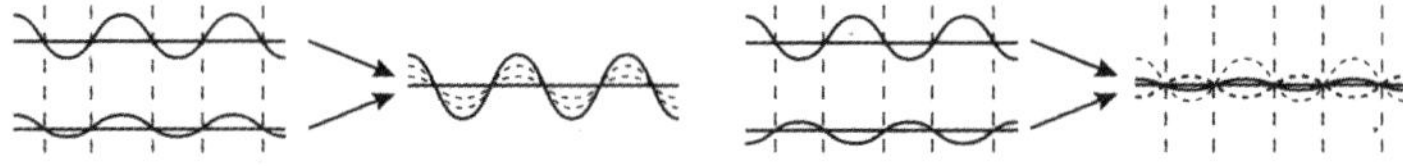

07 뉴턴 역학의 파탄

에테르는 어디에?

지구의 절대 속도를 구하는 데 난항을 겪게 되자 그 이유를 알아내기 위해 다양한 시도가 이뤄졌다. 그중 가장 유명한 것이 '모든 물체는 속도 V로 달리면 운동 방향의 길이는 정지 시 길이의 k배가 된다. k는 1보다 작다'는 네덜란드의 로렌츠가 세운 수축 가설이다. 하지만 이 가설에도 바로 의문점이 제기되었다. 왜 물체는 달리면 그 운동 방향으로만 단축되는지, 게다가 줄어드는 비율이 물체의 종류가 무엇이든 상관없이 왜 같은 비율 k인 것인지, 로렌츠는 물질이 다수의 원자로 구성되어 있다는 것에 주목해 해답을 찾으려고 했지만 그렇게 할수록 점점 무리한 가정이 새로이 나왔기 때문에 누구나 이해할 수 있는 설명을 할 수 없었다.

그렇다면 에테르는 없는 게 아니냐는 목소리도 나왔다. 하지만 뉴턴 역학에서 빛의 파동설을 취하면 파동을 전달하는 매질, 즉 에테르는 반드시 필요하다. 이 에테르가 없으면 빛이 전달되는 이유를 뉴턴 역학으로 설명할 수 없다. 거기에 큰 모순이 발생한다.

한편 에테르가 있다고 하면 정지한 좌표계와 움직이고 있는 계에서는 빛의 속도가 달라진다. 그러면 모든 좌표계가 대등하지 않게 되고 상대적으로 같아지지 않는다. 에테르에 정지해 있는 좌표축이 특별한 위치를 차지하고 이것은 움직이고 있다, 저것은 움직이지 않고 있다고 해야 한다. 이는 에테르가 존재한다면 빛에 대해서는 갈릴레이의 상대성 원리가 성립하지 않는다는 것이다. 결국 에테르가 없어도 곤란하고 있어도 곤란하다. 이것이 뉴턴 역학이 한계에 봉착해 파탄에 이른 경위이다.

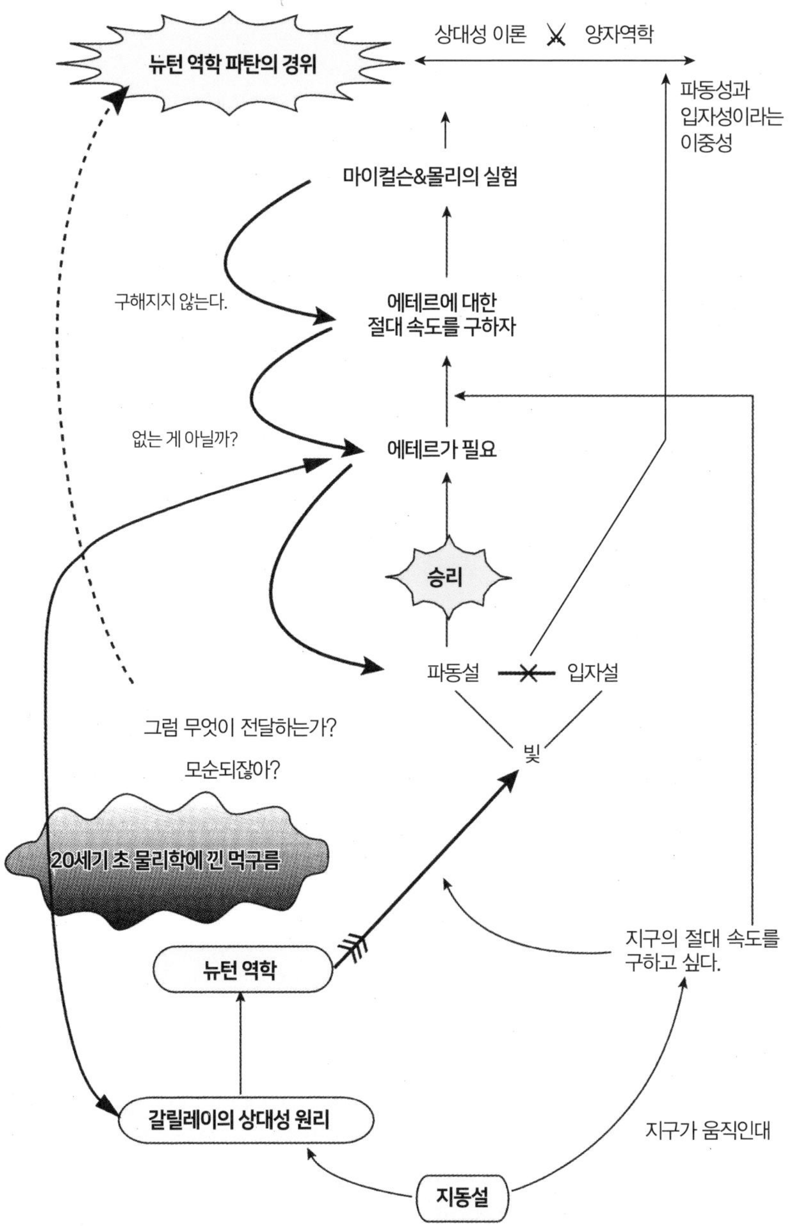

뉴턴 역학 파탄의 경위

상대성 이론 ⚔ 양자역학

파동성과
입자성이라는
이중성

마이컬슨&몰리의 실험

구해지지 않는다.

에테르에 대한
절대 속도를 구하자

없는 게 아닐까?

에테르가 필요

승리

파동설 ✕ 입자설

빛

그럼 무엇이 전달하는가?

모순되잖아?

20세기 초 물리학에 낀 먹구름

뉴턴 역학

지구의 절대 속도를
구하고 싶다.

갈릴레이의 상대성 원리

지구가 움직인대

지동설

08 특수 상대성 이론의 탄생 전야

전자기학과 뉴턴 역학과의 모순을 깨닫다

19세기 후반 뉴턴 역학은 큰 성과를 거두었고 이후에 등장한 전자기학은 그 지배하에 있어야 한다고 생각했다. 전자기학은 맥스웰이 이론을 집대성한 것으로 현재도 완전히 그대로 이용되고 있다. 실용 면에 있어서도 어떤 결점도 찾을 수 없었다. 전자기학은 뉴턴 역학과 따로 떨어진 별개의 것으로 보아도 좋았다. 그러나 물리학자들은 이 둘을 통일시키기를 바랐다. 그 결과 뉴턴 역학은 빛으로 인해 파탄이 나 버렸다. 뿐만 아니라 빛은 전자기학이 해명한 현상 중 어떤 특수한 하나일 뿐이라 할 수 있기 때문에 다른 모든 전자기 현상들로 인해 파탄이 난 것이다.

로렌츠는 고체나 액체 속에서 전기나 자기가 띠는 여러 현상, 예를 들면 전기 저항, 자기화율, 빛의 굴절률 등을 물체 속 전자의 운동에 의해 이해하려고 했고 그 시도는 성공했다. 더 나아가 로렌츠는 운동 물체에서의 전자기학에 대한 연구를 거듭하여 뉴턴 역학과의 모순을 밝혀낸 것이다.

그리고 로렌츠나 프랑스의 푸앵카레와 같은 세계적으로 저명한 학자들도 최종적인 해결책을 찾아내지 못한 이 모순에 대해 아직 무명이었던 아인슈타인이 드디어 그 해답을 찾아내게 된다.

사실 아인슈타인이 특수 상대성 이론을 발표하기 전에 이미 전자기학은 완전히 상대론적인 이론으로 자리잡고 있었다. 단지 맥스웰 자신을 포함하여 아무도 그렇다고 깨닫지 못했을 뿐이었다. 전자기학과 뉴턴 역학의 모순에 착안하게 되면서 비로소 상대성 이론이 발견된 것이다. 물리학자들이 이 둘의 통일을 바라지 않았더라면 상대성 이론은 결코 태어나지 못했을 것이다.

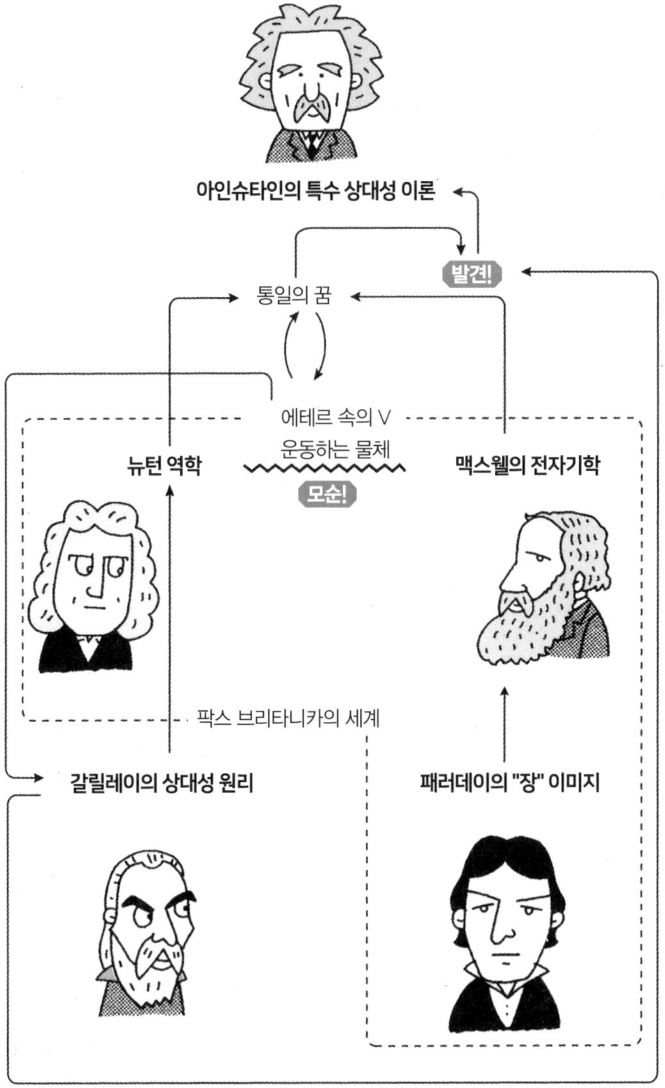

아인슈타인의 특수 상대성 이론

발견!

통일의 꿈

에테르 속의 V

운동하는 물체

뉴턴 역학

모순!

맥스웰의 전자기학

팍스 브리타니카의 세계

갈릴레이의 상대성 원리

패러데이의 "장" 이미지

(뉴턴도 패러데이도 맥스웰도 모두 팍스 브리타니카의 중추를 짊어지는 영국인이다.)

아인슈타인의 생애 ❶
COLUMN

19세기 독일에서 태어나다

알베르트 아인슈타인은 1879년에 스위스 국경과 접한 독일 남쪽 슈바벤 지방의 울름시에서 태어났다. 부모는 둘 다 그 지방에 오래 거주한 유태인의 자손이다. 아인슈타인의 아버지 헤르만은 사촌의 양모 침대 회사에 공동경영자로 참여했었지만 아인슈타인이 1살 때 사업에 실패하여 일가는 뮌헨으로 이사했다. 아버지는 삼촌 야콥과 함께 뮌헨 교외에서 발전기와 전기기기, 아크전등 등을 제작하거나 배관이나 전기공사를 하청 받는 회사를 설립하여, 아버지는 회사 운영을 하고 삼촌은 기술 부문을 담당했다. 때는 바야흐로 전기의 시대로 들어섰고 아인슈타인은 삼촌의 영향으로 전기에 관심을 가지게 되었다.

1871년에 독일의 헬름홀츠는 맥스웰의 논문을 철저히 검토하여 제자 중에서 가장 뛰어난 헤르츠에게 실험을 시켜 검증하려고 했다. 헤르츠는 1886년이 되어서야 전자파가 광속으로 전달된다는 것을 밝혀냈다. 그 4년 전에 어린 아인슈타인은 아버지가 준 전자 나침반에 매료되어 있었다. 그렇게 그의 마음의 바늘은 전자기파를 향해 있었다.

아인슈타인은 7살 때 가톨릭 계열 초등학교에 입학했지만 친척들로부터 따로 유태교에 대해서 배웠다. 그는 유태교에 열중하여 11살 무렵에는 신을 찬양하는 노래를 작곡하여 동네에서 부르고 다니기까지 했다. 그러나 12살이 되고 나서 아인슈타인의 관심은 종교에서 과학으로 옮겨갔다. 독일 남부에 사는 유태인은 매주 목요일에 가난한 유태인을 저녁식사에 초대하는 관습이 있었다. 아인슈타인 일가에 초대된 사람은 막스 탈메이라는 의대생이었다. 그가 가져온 과학입문서를 탐독한 아인슈타인은 〈성경〉에 있는 대부분의 이야기가 사실이 아니라고 결론지었다. 후일 아인슈타인은 유태교를 승화시킨 범신론적 과학교를 제창하는, 이른바 우주인으로 탈피한다.

제 2 장

특수 상대성 이론의 세계

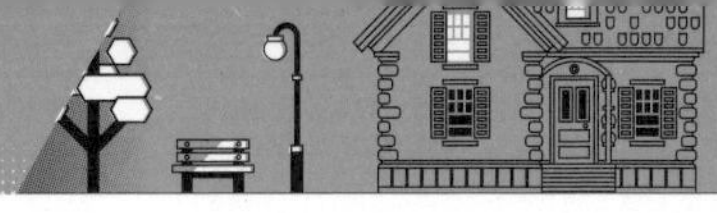

09 아인슈타인, 16살의 꿈

빛과 똑같은 속도로 빛을 쫓아가면 어떻게 보일까?

소년 아인슈타인은 학교 공부와는 별도로 물리나 과학 전반에 관한 책을 읽고 생각하는 습관을 갖고 있었다. 16살 무렵 전기와 자기의 법칙에 대해 열심히 공부하여 빛이 전파와 똑같은 일종의 파동이라는 것을 알게 되었다. 그러던 어느 날 '만일 빛을 빛과 똑같은 속도로 쫓아가면 빛이 어떻게 보일까?'라는 의문을 품게 되었다. 이러한 의문을 품게 된 것 자체로도 놀랄 만한데, 더 놀라운 것은 그로부터 10년 동안 포기하지 않고 계속 고민하여 결국에는 특수 상대성 이론을 생각해 낸 것이다. 그렇다고 계속 이 문제에만 몰두했던 것은 아니었다. 사랑도 하고, 결혼도 하고, 특허청에서 근무도 했다. 그런 일상 속에서도 짬짬이 이 테마에 계속 집착했던 것이 아닐까?

그런데 그 해답을 지금 상황으로 말하자면 헬리콥터를 타고 해안으로 밀려드는 파도와 똑같은 속도로 쫓아가면 파도가 정지해 있는 것처럼 보인다. 이와 똑같이 빛을 빛과 똑같은 속도로 쫓아가면 빛이라는 파동도 정지해 있는 것처럼 보일 테지만, 16살 때까지 배운 전기나 자기의 법칙으로만 생각한다면 그런 현상은 불가능한 것처럼 보였을 것이다.

아인슈타인이 10년 후에 낸 결론은 '빛을 쫓아가는 것은 절대로 불가능하다'라는 것이었다. 예를 들면 물질로 되어 있는 로켓에 아무리 많은 에너지를 주입해도 광속에는 도달할 수 없다. 이것을 제대로 증명한 것이 특수 상대성 이론에서 다루고 있는 $E=mc^2$이다(추후 설명). 결국은 정보뿐만 아니라 물질이나 에너지도 전달되어 움직이는 속도에 최대 한계가 있으며 그것은 광속 c라는 것이다.

16살 소년의 꿈은
뉴턴이 개념화한 절대 시간 · 절대 공간을 뒤엎고
팍스 브리타니카를 뒤흔드는 일익을 담당했다.

신이 현실을 모두 "신성 카메라"로 찍고 필름을 한 컷 한 컷 떼 낸 다음에 마운트 정리 상자에 시간 순으로 정렬한다.
이때 정리 상자의 가로축은 절대 시간이다.
현실의 공간은 3차원이지만 이 모델에서는 x와 y, 2차원으로 된 절대 공간의 축으로 나타난다.
필름 한 컷 한 컷에 보이는 입자는 원자에 해당된다.
우리를 포함한 물질은 원자가 이합집산을 하는 모습이 된다.

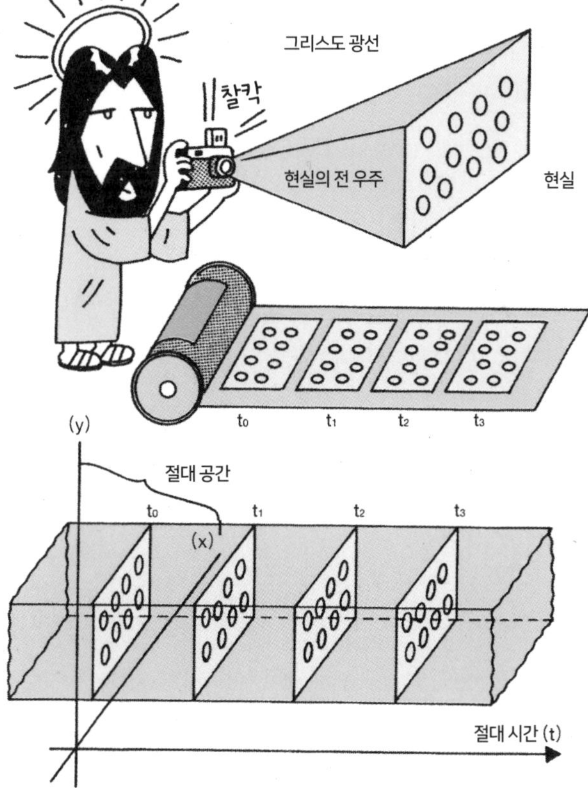

10 아인슈타인의 세단뛰기

아인슈타인 판 상대성 원리의 탄생

빛의 속도를 재고 지구가 에테르에 대해, 다시 말해 전 우주의 무게중심에 대해 어느 정도의 절대 속도를 갖고 있는지를 구하려고 한 마이컬슨&몰리의 실험은 실패로 돌아갔다. 다른 학자들의 실험도 모조리 실패하여 그 누구도 이 실패 이유에 대해 설명하지 못 했다.

그에 반해 아인슈타인은 전혀 반대로 생각했다. 실험을 실패라고 생각하지 않고 실험 결과를 있는 그대로 받아들였다. 실험은 전 우주의 무게중심에 대해 일정한 속도로 달리고 있는 지구상에서 아무리 광학적인 실험을 해도 지구의 절대 속도는 구할 수 없다는 것을 나타내고 있다고 받아들였다. 바로 그것이 아인슈타인에게 있어서, 그리고 인류에게 있어서 위대한 첫걸음이 된 것이다.

아인슈타인은 거기에 한 걸음 더 나아갔다. 지구는 지극히 짧은 시간을 취하면 하나의 관성계로 간주할 수 있다. 하지만 실제로 지구는 자전하고 태양 주위를 공전하고 있으며 태양계를 포함한 은하계도 회전하고 있다. 시시각각 다른 관성계로 옮겨 가고 있다. 이런 지구에서는 광학 실험을 되풀이해봤자 똑같은 결과가 나온다. 이는 어떤 관성계를 기준으로 해도 광학 법칙은 완전히 똑같으며, 기준으로 잡은 관성계의 전 우주의 무게중심에 대한 속도는 광학 법칙을 사용해서는 구할 수 없다는 것이다.

지금 말한 '광학'을 모두 '역학'으로 바꿔 말하면 갈릴레이의 상대성 원리가 된다. 아인슈타인은 여기서 이야기를 더욱 확대했다. '어떤 관성계를 기준으로 해도 모든 물리 법칙은 완전히 똑같이 통용된다'를 원리로 만든 것이다. 아인슈타인의 유명한 상대성 원리가 여기서 태어난 것이다.

아인슈타인의 상대성 원리

JUMP!

모든 물리 법칙

모든 물리 법칙

모든 물리 법칙

STEP!

광학 법칙

광학 법칙

광학 법칙

갈릴레이의 상대성 원리

역학 법칙

어떤 관성계

다른 관성계

또 다른 관성계

HOP!

마이컬슨&몰리의 실험

그렇군. 지구상의 광학 실험으로 지구의 절대 속도는 구할 수 없구나.

실패야

아인슈타인

아인슈타인 이외의 학자

11 전 우주에서 통용되는 물리 법칙

'원리'로 만든 아인슈타인의 대단함

앞 부분을 다 읽은 분은 〈HOP!〉는 지금은 당연시되는 것인데 왜 아인슈타인만이 깨달을 수 있었는지 의아하게 생각할 것이다. 〈STEP!〉도 갈릴레이의 상대성 원리를 알고 있는 학자들은 당연하다고 생각하였다. 하지만 〈JUMP!〉는 이야기를 너무 넓혔다고 생각하지 않는가?

왜냐하면 아무리 역학이나 광학 그리고 광학을 포함한 전자기학에서 말할 수 있다고는 해도 갑자기 모든 물리 법칙으로 이야기를 펼쳐도 될 만한 것인지 생각할 필요가 있다.

그런데 바로 이것이 아인슈타인이 대단하다는 것이다. 의심을 막으려는 듯이 상대성 원리라는 가정을 내세운 것이다. '원리'라면 증명할 필요가 없기 때문이다. 요점은 원리상에 구축되는 이론을 증명할 수 있느냐 없느냐, 그리

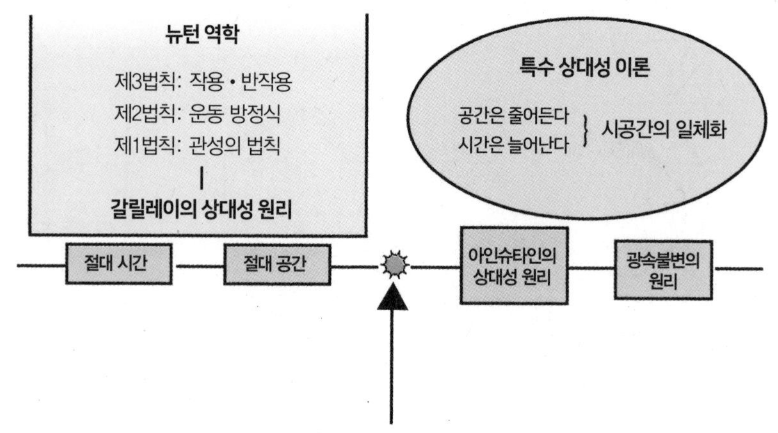

고 현실에 어디까지 응용할 수 있느냐로 승부가 정해진다. 참고로 원리는 아름다운 원리일 필요가 있다. 에테르나 전 우주의 무게중심 등 사고에 얽매이는 것을 과감히 버릴 수 있었던 아인슈타인에게 있어서 상대성 원리는 지극히 자연스러운 것이었을 것이다. 현대의 우리들도 '어떤 관성계를 기준으로 해도 모든 물리 법칙은 완전히 똑같이 적용된다'는 아인슈타인의 주장을 있는 그대로 받아들일 수 있다. 그래도 대단하다! 왜냐하면 지구상의 어디를 가든 또 미래 세계이든 상관없이 관성계이기만 하면 물리학이 성립한다는 것을 말하고 있기 때문이다.

아인슈타인은 이 당연한 상대성 원리와 또 하나 광속불변의 원리, 겨우 2개의 원리로부터 특수 상대성 이론을 확립하고 21세기를 살아가는 사람들을 놀라게 한 것이다. 정말 대단하다. 감탄하지 않을 수 없다!

12 상대성 원리가 물리학을 지배한다!

모든 관성계는 동등하다

아인슈타인의 상대성 원리처럼 누군가가 무엇인가를 '이것은 원리다'라고 말해도 아무도 따라주지 않으면 미친 사람 취급을 받지만 추종자가 한 명, 두 명 생겨나고 조직이 커지면 교단이나 국가를 형성할 수도 있다. 아인슈타인은 상대성 원리와 광속불변의 원리를 토대로 특수 상대성 이론을 구축했다. 이는 많은 신봉자를 품을 수 있는 교단이나 국가와 같은 것이라 아니할 수 없다.

너무 상식 밖의 이론이라며 비판을 하고 때려 부수려고 논쟁을 걸어오는 적도 나타났다. 지금도 상대성 이론은 틀렸다고 주장하는 터무니없는 학자도 있다. 하지만 뉴턴 역학이 안고 있던 난제를 해결한 탁월한 능력, 이론을 구축해 가는 대단함, 그리고 발표 이후 이론을 부정하는 실험이나 관측 사실이 하나도 발견되지 않았다는 점에서 널리 퍼져 수용하게 되었다.

아인슈타인의 상대성 원리는 뒤에 설명하게 될 일반 상대성 이론의 기본 원리인 등가 원리를 일반 상대성 원리라고도 부르기 때문에 차별화하기 위해 특수 상대성 원리라고 부르는 경우도 있다. 일단 특수 상대성 원리를 따르면 역학이나 광학 이외의 물리 현상을 이용하여 지구의 절대 속도를 측정하는 것은 모두 쓸데 없는 일이 된다. 또 모든 관성계는 물리 현상을 기록하는 기준으로 완전히 동등하며 우열이 없다. 어떤 한 관성계를 기준으로 한 경우에만 볼 수 있는 물리 현상은 이 세상에는 존재하지 않는다. 따라서 전 우주의 무게중심에 고정된 절대적인 관성계로부터 조망한 경우에만 에테르가 정지해 있다는 생각은 이 원리에 반하며, 그런 연유로 에테르가 존재해도 물리적인 성격은 가질 수 없다.

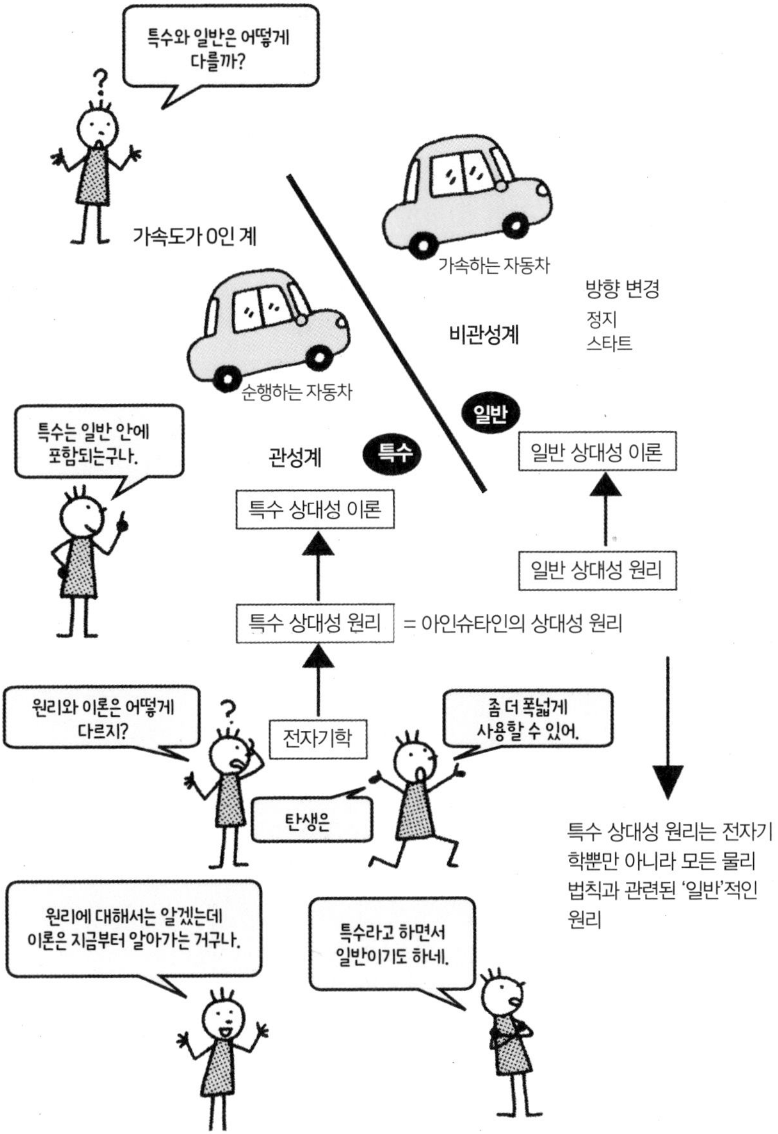

특수와 일반은 어떻게 다를까?

가속도가 0인 계

가속하는 자동차

방향 변경
정지
스타트

비관성계

순행하는 자동차

일반

특수는 일반 안에 포함되는구나.

관성계

특수

일반 상대성 이론

특수 상대성 이론

일반 상대성 원리

특수 상대성 원리 = 아인슈타인의 상대성 원리

원리와 이론은 어떻게 다르지?

전자기학

좀 더 폭넓게 사용할 수 있어.

탄생은

특수 상대성 원리는 전자기학뿐만 아니라 모든 물리 법칙과 관련된 '일반'적인 원리

원리에 대해서는 알겠는데 이론은 지금부터 알아가는 거구나.

특수라고 하면서 일반이기도 하네.

13 언제 어디서든 변하지 않는 빛의 속도란?

광속불변의 원리

여러분이 지상에 선 채로 정면을 향해 공을 던진다고 하자. 속도는 u라고 한다. 이번에는 속도 v로 달리면서 그 기세로 공을 던진다. 이때 앉아서 이를 지켜보고 있는 사람에게 공의 속도는 u+v가 된다.

이것은 '속도의 합성법'이라고 하는 상식적인 속도의 덧셈 규칙이다. 속도의 합성법에는 크게 2종류가 있는데, 하나는 방금 설명한 것이고 다른 하나는 다음 예에서 설명하는 것이다.

호숫가에서 물속에 손을 넣어 파도를 만든다. 파도의 끝이 조용한 수면을 전달해 가는 속도를 u라고 한다. 이 호수에서 속도 v로 보트를 젓는다. 이 보트의 끝에서 만들어지는 파도가 조용한 호수면 위에 퍼져가는 속도는 얼마일까? 그렇다. 바로 u다. 속도의 덧셈 규칙 중 다른 하나는 더해지지 않는 경우가 있다는 것이다. 일반적으로 수면에 전해지는 파도의 속도는 물의 밀도나 표면 장력에 의해 정해지며, 파도의 근원인 운동 상태와는 무관하다.

그렇다면 빛의 속도는 속도의 덧셈 규칙 중 어느 부류에 속할까?

맥스웰의 전자기학에 따르면 빛을 포함한 전자파는 두 번째 부류에 속한다. 즉, '빛이 진공 속에서 진행하는 속도는 광원의 운동 상태와는 무관하다.'

이 주장은 지금까지 설명한 아인슈타인의 상대성 원리로부터는 도출할 수 없다. 그래서 아인슈타인은 이 주장을 상대성 원리와 나란히 제2의 원리로 채택했다. 바로 광속불변의 원리인 것이다.

여기서 말하는 '불변'이란 광원의 운동 상태가 변화해도 거기서 방사되는 빛의 속도는 변화하지 않는다는 뜻이다.

속도의 덧셈 규칙에는 2종류가 있다

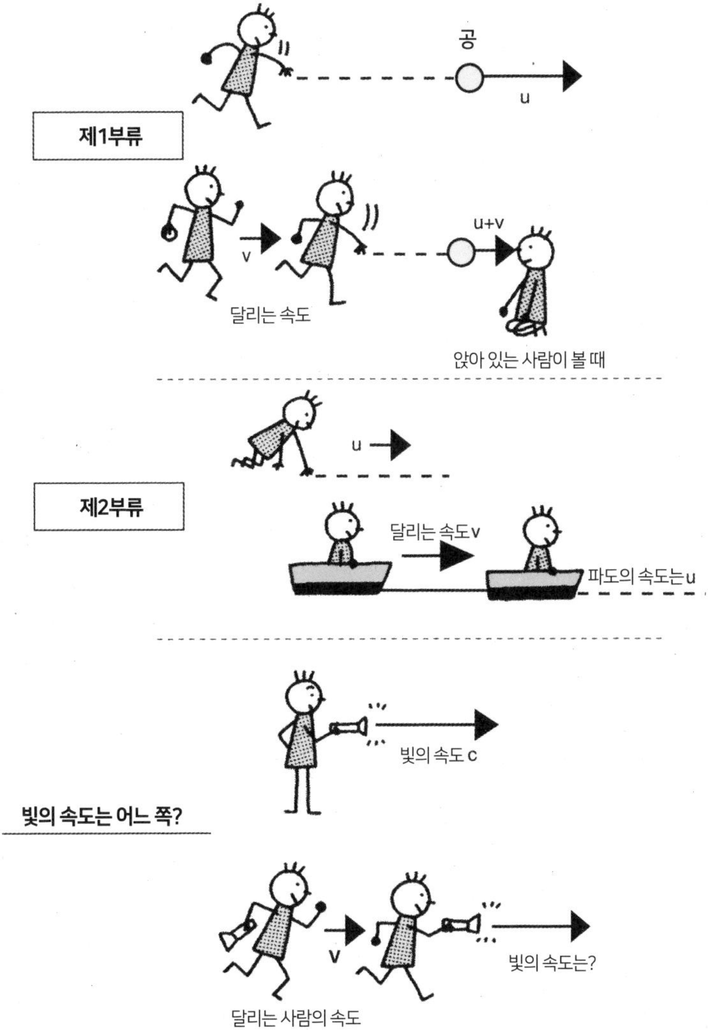

공

u

제1부류

v

달리는 속도

u+v

앉아 있는 사람이 볼 때

u

제2부류

달리는 속도v

파도의 속도는u

빛의 속도 c

빛의 속도는 어느 쪽?

v

빛의 속도는?

달리는 사람의 속도

14 2개의 원리가 이끄는 기묘한 현상

빛의 속도는 관측자의 속도를 무시한다

아인슈타인이 세운 《상대성 원리》와 《광속불변의 원리》는 각각 아무 선입관 없이 생각하면 지극히 당연한 것이다. 그런데 둘을 조합하면 매우 기묘한 현상이 나타난다.

오른쪽 그림을 보자. 지상에 고정된 가로등에서 나온 빛 A를 지상에 서 있는 관측자 S가 보고 있다. 이야기를 간단히 하기 위해 모든 일은 진공 상태에서 일어났다고 하면 이때 빛의 속도는 C가 된다.

또 지상을 일정한 속도 v로 달리고 있는 자동차의 헤드라이트로부터 나온 빛 B를 관측자 S가 보면 〈광속불변의 원리〉로부터 B의 속도도 C가 된다.

그 다음은 차를 타고 있는 제2의 관측자 S′의 입장에서 이 모두를 살펴보자. S′가 볼 때는 차도 헤드라이트도 항상 정지해 있다. 차는 움직이고 있다고 생각하는 사람이 있을지도 모르지만 S′가 봤을 때 정지해 있다는 것은 시간이 경과해도 S′와 차의 거리는 바뀌지 않는다는 뜻으로, 물론 창 밖으로는 움직이고 있는 경치가 보인다.

S와 S′는 모두 관성계이기 때문에 《상대성 원리》에 의하면 S에 대해 성립하는 법칙은 S′에 대해서도 그대로 적용할 수 있을 것이다. 따라서 S′가 봤을 때 정지해 있는 광원(여기서는 헤드라이트)에서 나온 빛의 속도는 C가 된다. 즉, 똑같은 빛을 지면에 대해 정지해 있는 S가 봐도, 지면에 대해 운동하고 있는 S′가 봐도 그 전파 속도는 똑같다는 기묘한 일이 일어난다. 이것은 우리의 상식에 반하며 갈릴레이 변환(※)이 잘못됐다는 것을 시사하고 있다. 이상을 정리하면 빛의 속도는 관측자의 속도에 의존하지 않는다. 이것을 〈광속불변의 원리〉에 포함시키는 사람도 있다.

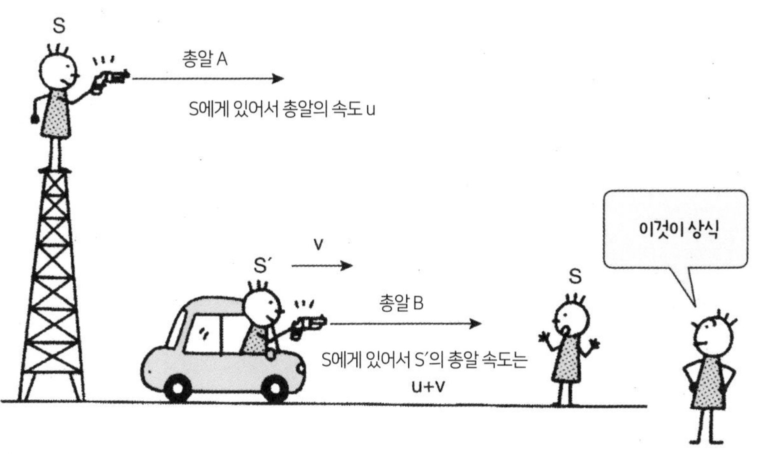

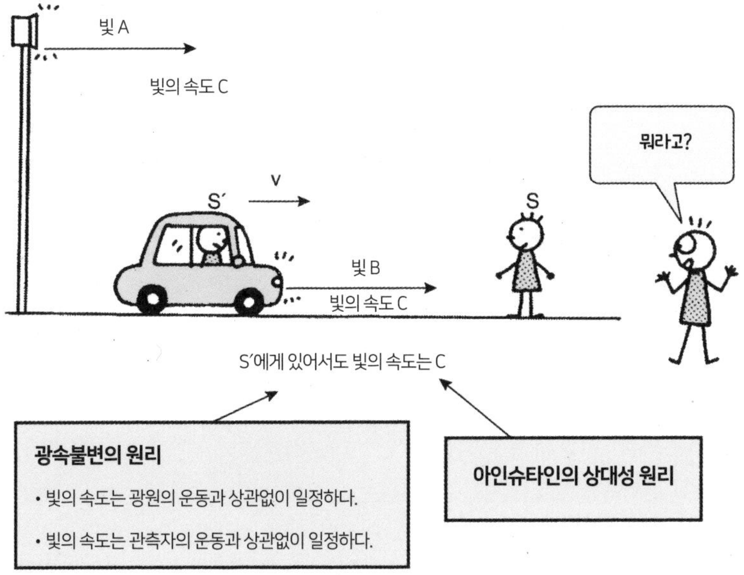

※**주**: 갈릴레이 변환이란 서로 등속도 운동을 하고 있는 사람끼리 행하는 가장 간단한 좌표 변환을 말한다.

15 과학의 상식을 뒤엎은 특수 상대성 이론

시공간도는 특수 상대성 이론의 기본이다

아인슈타인은 《상대성 원리》와 《광속불변의 원리》라는 단 2개의 원리를 바탕으로 그때까지의 물리학 이론과는 다른 새로운 이론 체계를 만들어냈다. 바로 특수 상대성 이론이다. 이 이론의 가장 큰 특징은 시간 및 공간에 대한 개념이 그때까지 상식이었고 또 지금도 여전히 일상생활의 상식으로 인식되고 있는 뉴턴 이후의 근대적인 개념과는 다르다는 점이다.

아인슈타인은 먼저 동시성의 상대성이라는 것부터 시작했다. 밤에 어두운 역에서 급행열차가 일정한 속도 v로 통과하고 있다고 하자. 그중 열차의 중심이 승강장에 서 있는 전등 바로 앞에 온 순간, 순식간에 이 전등에 불이 켜지고 다시 꺼졌다. 빛은 열차 차창에서 차안으로 들어가 좌우로 퍼지고 열차의 앞 · 뒤에 도달한다. 이 현상을 전등 바로 아래에 서 있는 역무원 S, 열차 안의 중심에 앉아 있는 승객 S′가 보고 있다.

그 다음 열차 안의 중앙 통로 바닥에 레일과 평행한 한 줄의 직선을 그어 이것을 좌표축으로 하고 열차의 뒤를 원점으로 한다. 원래는 바닥 위에 이 좌표축과 교차하는 직선을 하나 더 긋고 바닥과 수직인 기둥을 세워 이 세 줄을 좌표축으로 하는 3차원 좌표계로 만들어야 하지만 여기서는 한 줄만 그어 가로축 OX로 나타낸다. 그래프의 세로축 OT는 사건이 일어난 시각을 나타낸다.

일반적으로 이런 좌표계로 나타내는 그래프를 시공간도라고 한다. 시간을 세로축으로 하고 공간을 가로축으로 표현한 그림이라는 뜻이다. 시공간도는 상대성 이론을 그림으로 설명하는 데 편리하므로 많이 사용된다. 그래프를 싫어하는 사람에게는 좀 귀찮게 느껴지겠지만 그렇게 대단한 그래프는 아니다.

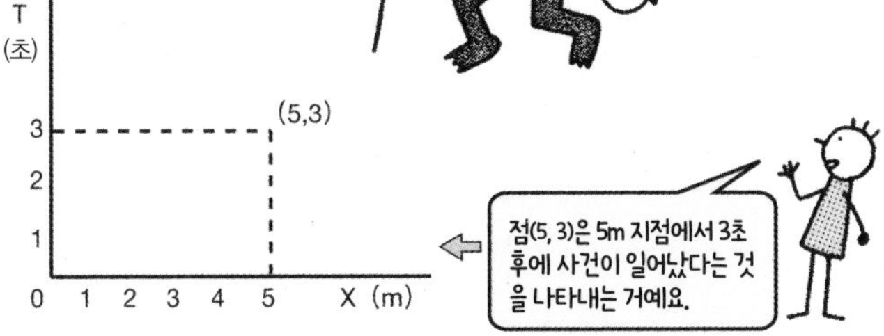

16 달리고 있는 물체가 줄어드는 모습을 시공간 도표로 나타내 보자

특수 상대성 이론의 세계에서는 물체가 줄어든다

시공간도에서는 A′B′와 같이 공간축에 평행하고 시간축에 수직인 직선상에서 일어난 사건을 사건의 동시성이라고 한다.

AB와 같이 기울어진 직선상에서 일어난 사건은 동시에 일어난 사건이 아니다. B는 빛이 열차의 뒷부분에 도달한 사건이며, A는 빛이 열차의 앞부분에 도달한 사건이다. 이는 모두 승강장에 있는 역무원 S가 봤을 때는 동시에 일어난 사건이 아니지만 열차 안의 승객 S′ 입장에서 보면 동시에 일어난 사건이다.

직선 AB 상에서 일어난 사건은 열차 안의 승객 S′에게는 동시에 일어난 사건이다. 따라서 그 순간 열차 안에 있던 자로 측정하면 열차 안의 승객 S′에게 있어서는 AB가 열차의 길이가 된다. 이런 귀찮은 절차를 거치지 않아도 그냥 자로 잰 열차의 길이를 말한다. 하지만 같은 시각에 측정한다는 절차를 일부러 취함으로써 특수 상대성 이론은 풍부한 결실을 맺게 된다.

승강장에 있는 역무원 S가 봤을 때 열차는 일정한 속도 v로 왼쪽에서 오른쪽으로 달리고 있다. 열차의 앞부분도 똑같은 속도 v로 움직인다. 따라서 승강장에 있는 역무원 S가 본 열차의 앞부분과 뒷부분을 나타내는 점의 좌표도 시간이 경과함에 따라 시공간 도표의 오른쪽 위로 움직인다. 이 모습을 나타낸 것이 그림 ②에서 기울어진 직선 (Ⅰ)과 (Ⅱ)이다. (Ⅰ)은 열차의 앞부분이 시공간도상에서 움직인 흔적이다.

점 B를 통과하여 공간축(OX)에 평행인 직선과 (Ⅰ)의 공점을 A″라고 하자. A″는 승강장에 있는 역무원 S가 빛이 열차의 뒷부분에 도달한 것과 똑같은 시각에 열차의 앞부분이 있는 위치를 승강장 상에 표시한 것이다. 즉 BA″는 승강장의 역무원에게 있어서 열차의 길이가 된다. 이제 그림 ③에서 AB와 A″B를 비교해 보자!

승강장에 있는 역무원 S를 기준으로 한 시공간도(앞 항목 참조)

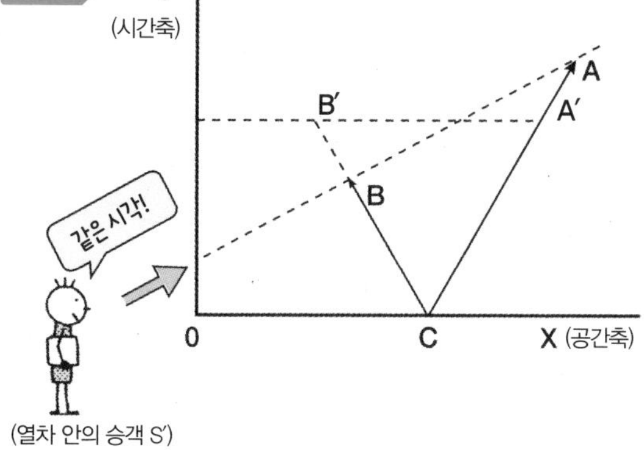

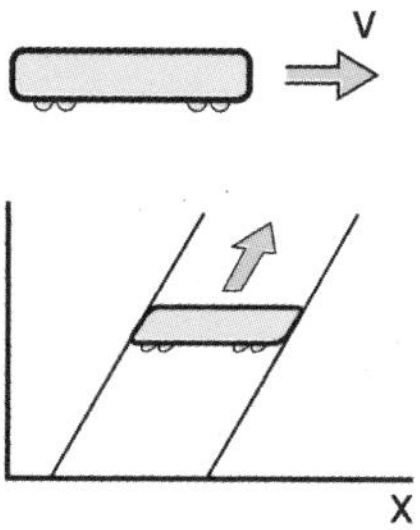

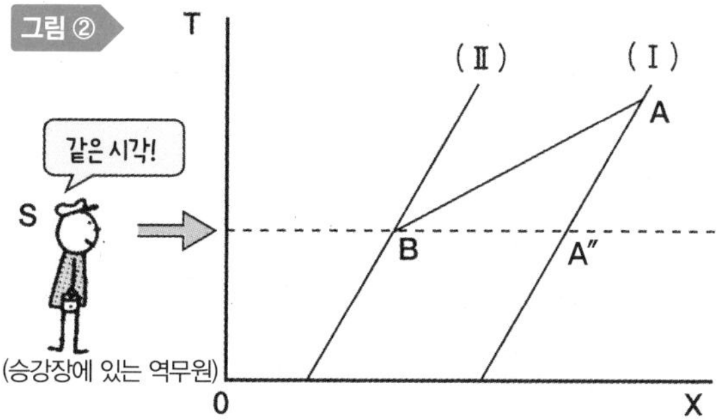

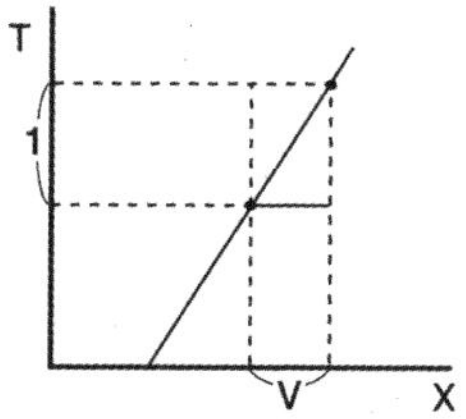

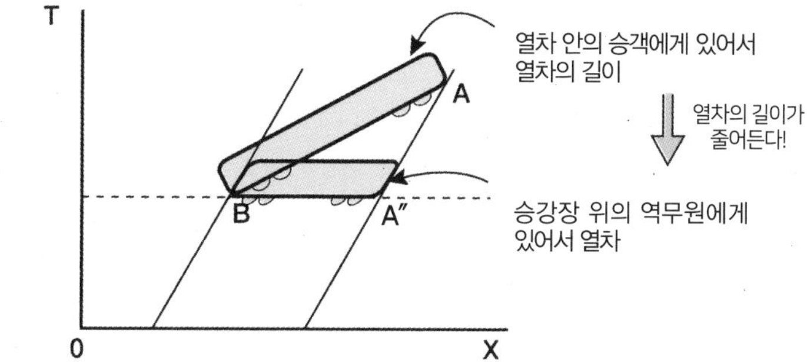

17 시간과 공간은 하나다

상대성 원리와 광속불변의 원리는 빛을 매개로 한다

오른쪽에 있는 시공간도 ①은 승강장에 있는 역무원 S가 봤을 때 열차가 달려가는 모습이다. 열차 뒷부분이 시공간도에서 움직인 궤적(Ⅱ)을 시간을 축으로 하여 새로 그린 것이 그림 ②이다.

중학교 때는 좌표계의 세로축과 가로축이 직각으로 교차하는 직교(直交) 좌표계밖에 배우지 않았는데 그림 ②와 같이 비스듬히 교차하는 사교(斜交) 좌표계가 갑자기 나타나서 당황했을지도 모르겠다. 하지만 시간축을 기울여도 여기까지는 아직 갈릴레이의 상대성 원리의 세계다. 기준으로 하는 관성계가 S에서 S′로 바뀌어도 동시각이라는 것을 나타내는 선은 공간축에 평행한 채로이며, 특별한 변화가 일어나지 않는다는 것을 나타내는 것이 갈릴레이의 상대성 원리이다.

이제 이번에는 앞에서 본 시공간도 ③을 살펴보자. 그림 ③은 어디까지나 승강장에 있는 역무원 S를 기준으로 한 경우의 시공간도였다. 하지만 직선 AB를 시선으로 갖고 있는 사람을 설정하면 빛이 열차의 앞부분, 뒷부분에 도달한다는 사건 A, B가 역무원 S에게는 동시각에 일어나지 않는 데 반해 그 사람에게는 동시각이 된다. 직선 AB를 시선으로 갖는 사람이란 열차 안에 있는 승객 S′를 말한다.

이 직선 AB를 평행으로 원점을 통과하는 새로운 공간축을 취하고 그림 ②와 같이 비스듬한 시간축을 더한 것이 그림 ④이다. 이와 같이 시간축과 공간축이 둘 다 비스듬하게 된 시공간도를 만들어 보면 열차 안의 승객 S′에게 있어서 빛이 열차의 앞부분과 뒷부분에 동시각에 도달한다는 것이 명확

해진다.

그림 ④는 아인슈타인의 상대성 원리와 광속불변의 원리가 빛을 매개로 하여 시간과 공간이 하나라는 것을 보여주고 있다!

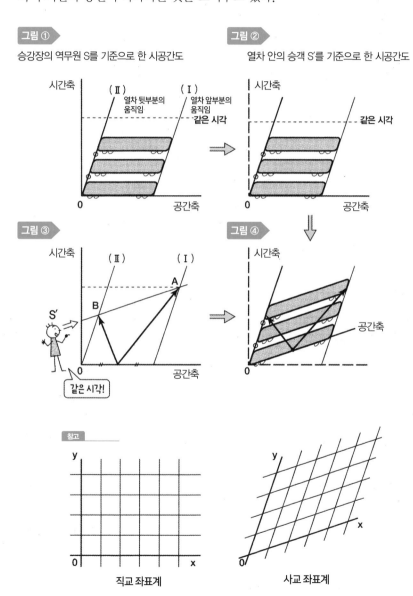

그림 ①

승강장의 역무원 S를 기준으로 한 시공간도

시간축
(Ⅱ)
열차 뒷부분의 움직임
(Ⅰ)
열차 앞부분의 움직임
같은 시각
0
공간축

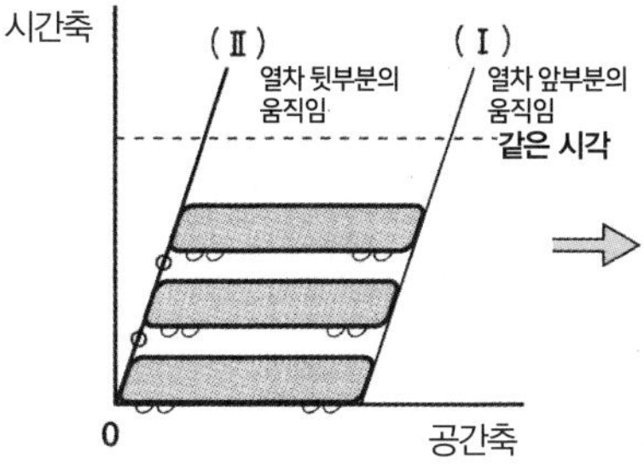

그림 ②

열차 안의 승객 S′를 기준으로 한 시공간도

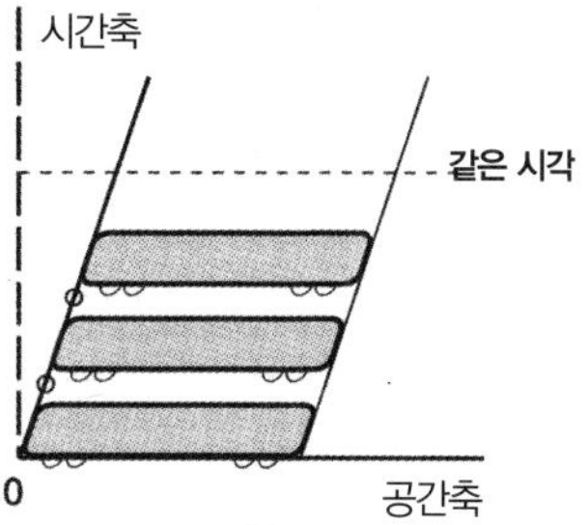

시간축
같은 시각
0
공간축

그림 ③

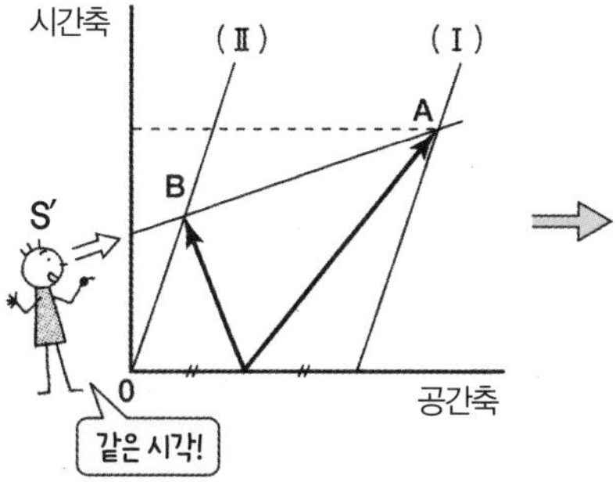

시간축
(Ⅱ)
(Ⅰ)
A
B
S′
0
공간축
같은 시각!

그림 ④

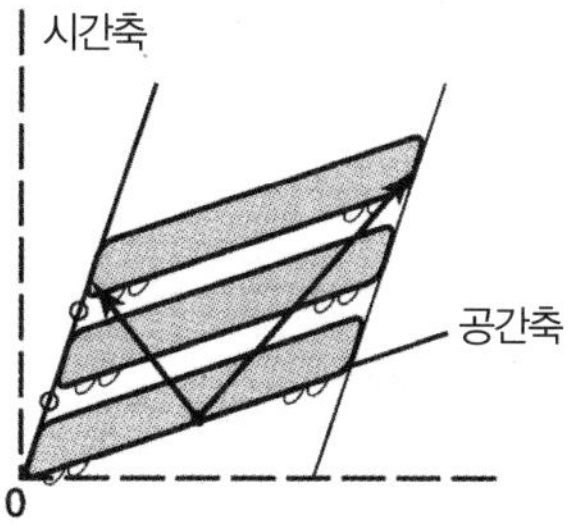

시간축
공간축
0

참고

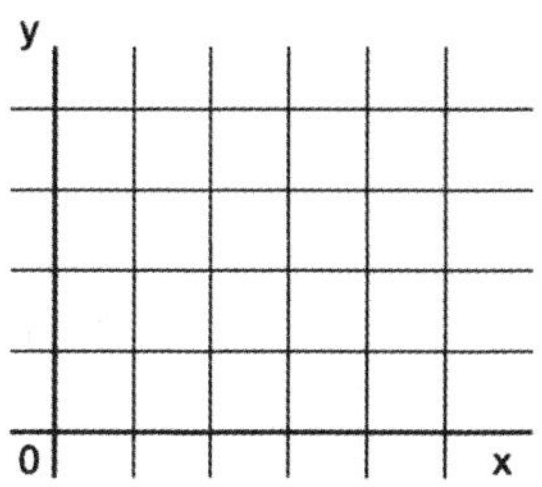

y
0
x
직교 좌표계

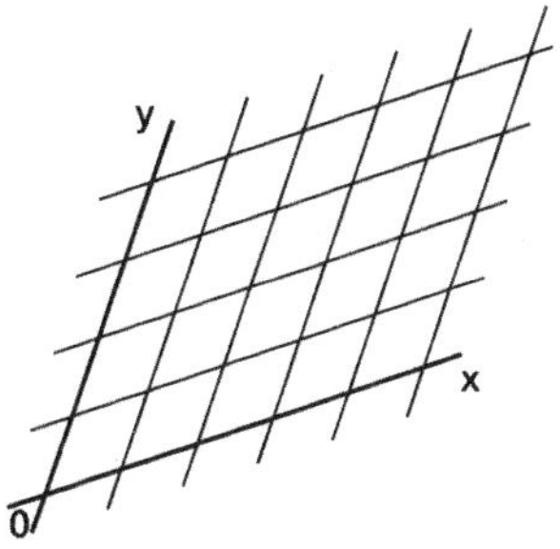

y
x
0
사교 좌표계

18 시간의 지연을 광시계로 본다

우주에서는 수명이 늘어난다

사람은 시간을 잴 때 규칙적으로 동일한 일을 반복하는 운동을 이용해 왔다. 추시계의 경우는 추의 운동이고, 수정시계의 경우는 수정의 진동이 그렇다. 여기서는 엄청나게 큰 광시계라는 가상의 시계를 가정해 보자.

2개의 거울을 서로 마주보게 하고 거울의 간격을 15만km로 한다. 한쪽 거울에서 나온 빛이 다른 쪽 거울에 반사되어 원래 나온 곳으로 되돌아갈 때까지의 시간은 1초다. 왜냐하면 광속은 30만km/초이기 때문이다. 이 빛이 2번 왕복하면 2초, 3번 왕복하면 3초가 되므로 이 광시계는 시간을 카운트할 수 있다.

이 두 거울을 18만km/초로 일정하게 움직이는 초거대 우주선에 실었다. 그리고 이를 밖에서 조용히 바라보는 사람이 있다. 앞에서 본 예처럼 열차와 승강장의 역무원으로 비유해도 되지만 숫자가 너무 크기 때문에 우주선으로 한 것뿐이다.

빛이 초거대 우주선 안의 두 거울을 왕복할 때 우주선 밖에 있는 사람이 보면 광시계는 A에서 A′로 움직인다. 우주선 밖의 사람 S가 봤을 때 빛이 A에서 B로, 그리고 A′로 되돌아가는 1주기는 1초가 된다. 광속불변의 원리로부터 빛은 AB를 30만km/초로 나아가고, 광시계는 18만km/초로 움직인다.

우주선 안의 광시계와 그것을 우주선 밖의 사람 S가 본 광시계 각각의 빛의 편도 거리의 비 CB:AB는 반주기에 필요한 시간의 비(C° B°: A° B°)와 똑같다. 즉, 우주선 안의 시간은 우주선 밖의 사람이 봤을 때 5분의 4밖에 경

과하지 않는다. 이런 현상을 '쌍둥이 역설' 또는 '쌍둥이 패러독스'라고 한다 (이 현상은 상대방의 시간이 서로 지연된 것으로 보기 때문이다).

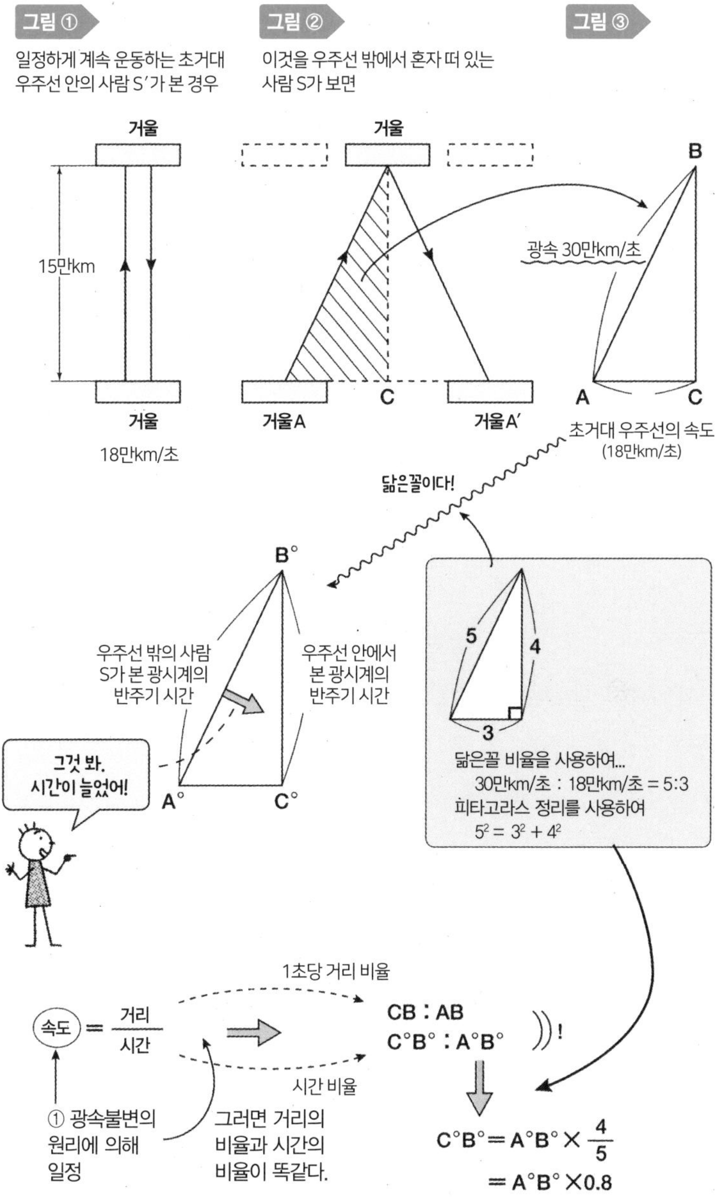

그림 ①

일정하게 계속 운동하는 초거대 우주선 안의 사람 S′가 본 경우

거울

15만km

거울

18만km/초

그림 ②

이것을 우주선 밖에서 혼자 떠 있는 사람 S가 보면

거울

C

거울A

거울A′

그림 ③

B

광속 30만km/초

A

C

초거대 우주선의 속도 (18만km/초)

닮은꼴이다!

B°

우주선 밖의 사람 S가 본 광시계의 반주기 시간

우주선 안에서 본 광시계의 반주기 시간

A°

C°

그것 봐. 시간이 늘었어!

5

4

3

닮은꼴 비율을 사용하여...

30만km/초 : 18만km/초 = 5:3

피타고라스 정리를 사용하여

$5^2 = 3^2 + 4^2$

1초당 거리 비율

속도 = $\frac{거리}{시간}$

CB : AB

C°B° : A°B°

시간 비율

① 광속불변의 원리에 의해 일정

그러면 거리의 비율과 시간의 비율이 똑같다.

$C°B° = A°B° \times \frac{4}{5}$

$= A°B° \times 0.8$

19 시간의 지연을 시공간 도표로 본다

우주선 안과 밖에서 시간이 흐르는 방법

앞 항목에서 살펴본 바를 식으로 써 보자. 우주선 안의 광시계는 우주선 밖에서 보면 다음과 같은 비율로 느려진다.

$$\frac{1}{\sqrt{1-\frac{V^2}{C^2}}} \text{배}$$

이 식을 사용하여 오른쪽과 같이 표를 만들고, 거기에 빛의 시공간도를 그린다. 세로는 시간축, 가로는 공간축의 눈금을 긋는다. 또 C는 광속 30만 km/초이므로 여기서는 매초라는 단위를 취한다. 가로의 공간축은 거리를 나타낸다. 그러면 직교 좌표계에서는 세로와 가로 축에 대해 45도 각도로 빛의 궤적을 그릴 수 있다. 그 다음 광속의 5분의 3의 속도로 날고 있는 거대 우주선을 기준으로 한 시공간 축을 그려 보자. 먼저 시간축을 생각하자.

우주선 안의 광시계가 가는 방법은 우주선 밖에서 보면 0.8배가 된다. 이 말은 우주선 밖을 기준으로 했을 때 1초의 눈금에서 늘린 수평선과 거대 우주선의 궤적의 교점이 우주선 기준으로는 0.8초라는 것이다. 즉, 우주선 밖의 시간으로는 1초가 경과했는데 우주선 안에서는 시간이 0.8초밖에 경과하지 않았다. 원점과 (0.8, 1)의 점을 이음으로써 우주선 안의 시간축에 눈금을 붙여 그릴 수 있다.

우주선 안의 기준에서 보면 우주선 밖의 시계는 0.8초 느리다. 관성 운동을 하고 있는, 즉 일정하게 비행하고 있는 우주선 안의 사람들이 보면 자신은 정지해 있고 우주선 밖에 떠다니는 사람이 우주선과는 반대 방향으로 일정하게 운동하고 있는 것처럼 보이므로 우주선 밖의 시계가 0.8배 느려진다는 것이다. 0.8초의 0.8배는 0.64초로, 이 눈금은 우주선 안을 기준으로 동

시각의 선을 그음으로써 구할 수 있다.

마찬가지로 공간축을 표 아래 그래프처럼 그려 눈금을 그을 수도 있다.

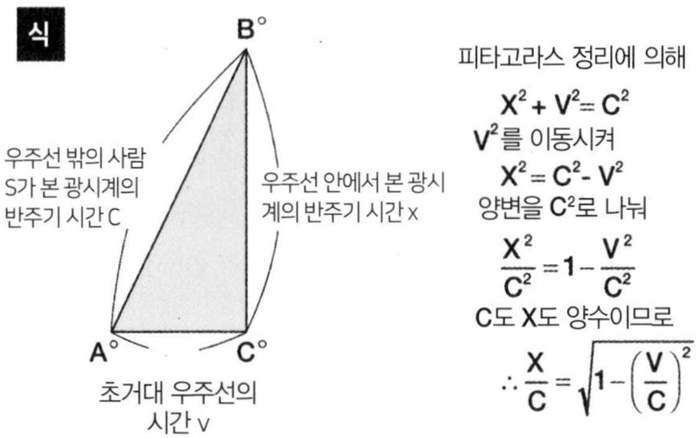

표

V	$\frac{1}{5}C$	$\frac{2}{5}C$	$\frac{3}{5}C$	$\frac{4}{5}C$	C	초거대 우주선의 속도
$\frac{V}{C}$	$\frac{1}{5}$	$\frac{2}{5}$	$\frac{3}{5}$	$\frac{4}{5}$	1	초거대 우주선이 광속의 몇 배로 비행하는가?
$\frac{X}{C}$	$\frac{2\sqrt{6}}{5}$	$\frac{\sqrt{21}}{5}$	$\frac{4}{5}$	$\frac{3}{5}$	0	초거대 우주선의 시간은 우주선 밖에서 보면 얼마나 느려지는가?

그래프(시공간도)

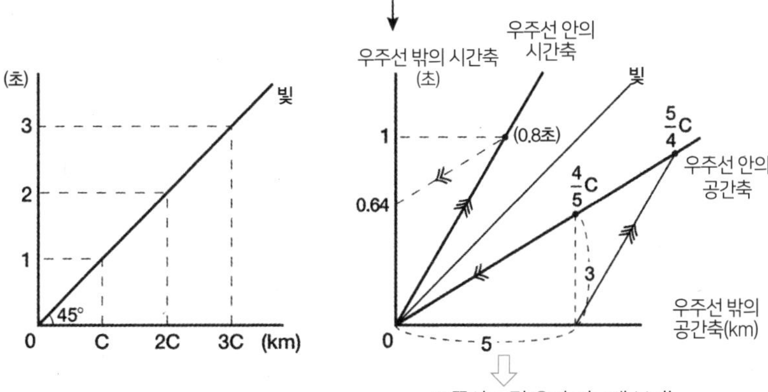

20 물체는 광속에 가까워질수록 짧아진다

물체의 길이가 줄어드는 공식

여기까지의 설명을 참고로 운동하는 물체가 얼마나 줄어드는지를 살펴보자. 이번에는 처음부터 공식《물체의 길이가 줄어드는 공식》을 도입하였다. 편의상 '움직여 보이는 관성계에서의 길이'를 '운동 길이', '정지해 보이는 관성계에서의 길이'를 '고유 길이'라고 하자. '운동 길이'와 '고유 길이'가 무엇을 뜻하는지 모를 때마다 원래의 이 의미를 다시 살펴보기 바란다. 초심을 잊어버리지 말자는 것이다. 이 공식이 왜 성립하는지에 관심이 있는 분은 앞 항목을 복습하기 바란다. 시공간도에서 사물이 줄어드는 모습은 40쪽에서 설명하고 있다.

고등학교 수학에서는 원의 방정식을 배운다. 점 (x, y)의 x 좌표와 y 좌표 사이에 $x^2 + y^2 = r^2$라는 관계가 성립하는 점의 집합이 원이므로 이 관계를 원의 방정식이라고 한다. 이 원의 1사분면상에 있는 임의의 한 점 (x, y)에서 x축에 직각이 되도록 직선을 긋는다. 이 점에서 원점으로 선을 그으면 반지름이 된다. r은 고유 길이, x는 운동 길이, y는 v/c, 즉 운동하고 있는 물체의 길이가 광속의 몇 배인지를 나타낸다.

점 (1, 0)은 물체가 정지해 있는 경우에는 고유 길이와 운동 길이가 일치한다. 점 (1, 0)에서 (0, 1)로 원주 위를 이동해 갈 때 물체의 운동은 광속에 가까워진다. 이에 따라 운동 길이가 줄어들어 간다. 또한 이 그림에는 점이 그냥 (0, 1)과 겹쳐져 있지만 무게가 있는(정확히는 질량이 있는) 물체는 광속이 되는 일이 없다.

참고로 빛이 광속으로 움직일 수 있는 이유는 질량이 0이기 때문이다.

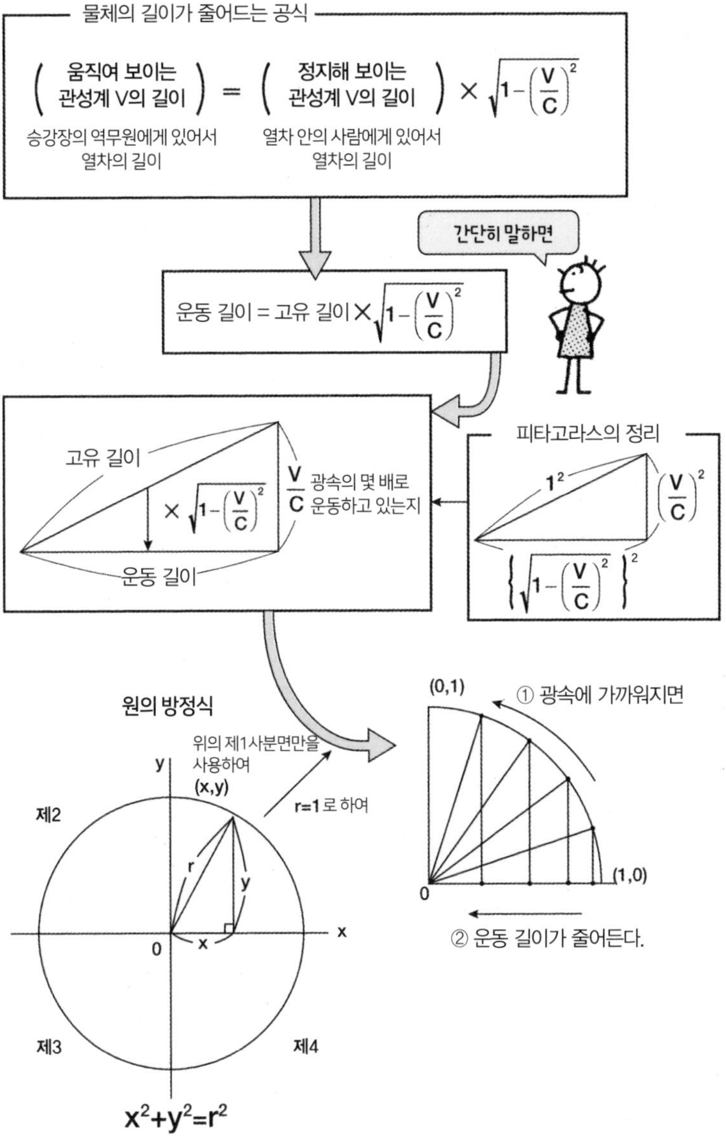

물체의 길이가 줄어드는 공식

$$\left(\text{움직여 보이는 관성계 V의 길이}\right) = \left(\text{정지해 보이는 관성계 V의 길이}\right) \times \sqrt{1-\left(\frac{V}{C}\right)^2}$$

승강장의 역무원에게 있어서 열차의 길이

열차 안의 사람에게 있어서 열차의 길이

간단히 말하면

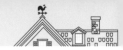

$$\text{운동 길이} = \text{고유 길이} \times \sqrt{1-\left(\frac{V}{C}\right)^2}$$

원의 방정식

$$x^2+y^2=r^2$$

21 질량은 속도와 함께 늘어간다

잃어버린 운동 에너지가 질량으로 바뀐다!?

물체에 힘을 계속 가하면 물체는 속도를 내면서 공간을 이동한다. 이것을 물리학에서는 '물체가 일을 했다'라고 한다. 왜 일이라고 하는지 의아해 하는 사람이 있을지도 모르겠다. 그냥 그렇게 정의한다고 생각하기 바란다. 또 물리학에서는 물체가 일을 하는 것은 물체에 힘(에너지)을 가하는 것이라고 한다.

물체는 받은 에너지를 운동 에너지라는 형태로 갖는다. 뉴턴 역학에서는 운동 에너지를 [질량×속도의 제곱÷2]로 나타낸다. 뉴턴 역학 세계에서는 물체에 계속 힘을 가해 에너지를 주입하면 물체는 속도를 계속 증가시켜 운동 에너지를 계속 증가시킨다. 받은 에너지를 전부 에너지로서 계속 갖고 있다는 것이 뉴턴 역학에서의 일–운동 에너지 정리이다.

그런데 상대성 이론의 세계에서는 마찬가지로 물체에 에너지를 주입해도 속도가 작을 때를 제외하고(이 점이 중요하다) 뉴턴 역학에서 기대하는 만큼 속도는 늘지 않는다. 늘기는커녕 점점 이탈해 간다.

그렇다면 [질량×속도의 제곱÷2]로 나타내는 운동 에너지는 어디로 간 것일까?

시간이 경과할수록 물체의 속도는 커지지만 똑같은 크기에서는 속도가 바뀌기 어려워 광속에 가까워지므로 속도의 증가 양상은 0에 가까워진다. 이처럼 속도가 바뀌지 않는다는 현상 유지의 경향(관성)이 상대성 이론에서는 시간이 경과하여 속도가 증가함에 따라 질량이 커진다는 것이다. 가해준 일이 질량 증가로 나타나기 때문에 결국 운동 에너지 증가 폭이 둔화된다.

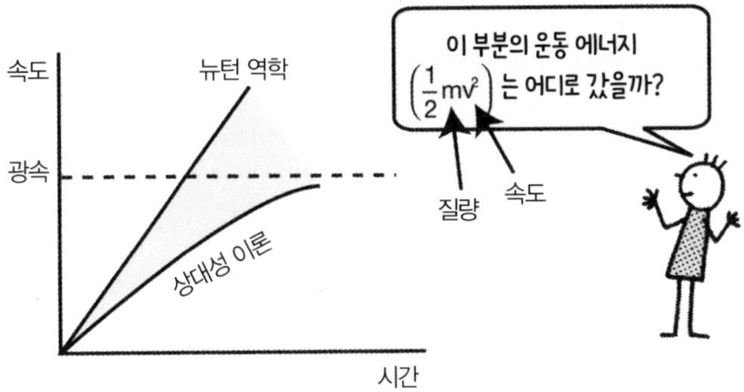

속도

광속

뉴턴 역학

상대성 이론

시간

이 부분의 운동 에너지 $\left(\frac{1}{2}mv^2\right)$ 는 어디로 갔을까?

질량

속도

뉴턴 역학은 부지런한데 상대성 이론은 따라가기 싫어 게으름을 피우고 싶어 한다는 느낌이네.

팡팡

그렇구나, 운동 에너지는 그 사람의 무게(질량)를 늘리는 데 사용되는구나.

게으름을 피우면 살이 찌잖아.

상대성 이론은 달리는 속도를 증가시키면 뚱뚱해지는 세계야!

22 시간이 지날수록 속도 변화가 어려워지는 세계

관성질량과 정지 질량이란?

특수 상대성 이론의 세계에서 질량이란 관성의 크고 작음을 나타내는 관성질량을 말한다.

서 있는 씨름 선수는 힘껏 밀어도 안 밀리지만 초등학생은 간단히 밀 수 있다. 등속직선 운동을 하고 있는 10만 톤급 유조선은 외부에서 힘을 가해도 좀처럼 진로나 속도를 바꾸지 않는 관성을 갖고 있지만 손으로 젓는 보트는 쉽게 바뀐다.

힘을 가하지 않는 물체는 정지 또는 등속직선 운동을 계속 하려고 한다. 말하자면 현상을 계속 유지하려고 하는 경향을 '관성'이라고 한다. 질량이 큰 물체는 똑같은 크기의 힘을 받아도 속도가 바뀌기 어려운 반면에 질량이 작은 물체는 똑같은 힘을 가하면 속도가 쉽게 바뀔 수 있어 관성이 작다고 한다. 질량에는 '관성질량' 외에 또 다른 한 종류의 질량이 있다. 중력질량이라는 것인데, 이것은 나중에 설명하겠다.

이상의 설명을 정리하면 속도가 변하기 어렵다는 것은 물체의 관성을 나타내는 질량(관성질량)이 커진다는 것이다.

그런데 상대성 이론의 세계에서는 물체에 일정한 힘을 계속 가하면 오른쪽 그림과 같이 시간이 지날수록 속도를 바꾸기가 어려워진다. 게다가 물체의 관성을 나타내는 질량은 점점 커진다.

더욱이 시간이 무한히 경과하면 속도는 광속에 가까워지고 질량은 한없이 커져간다.

일상생활에서는 속도가 광속과 비교해 너무 작아 질량이 거의 일정하고

속도가 0일 때의 질량과 거의 똑같다. 속도가 0일 때의 질량을 '정지 질량'이라고 한다.

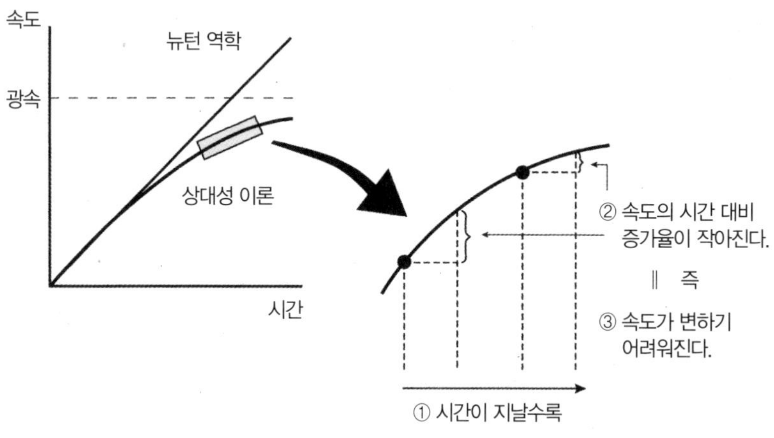

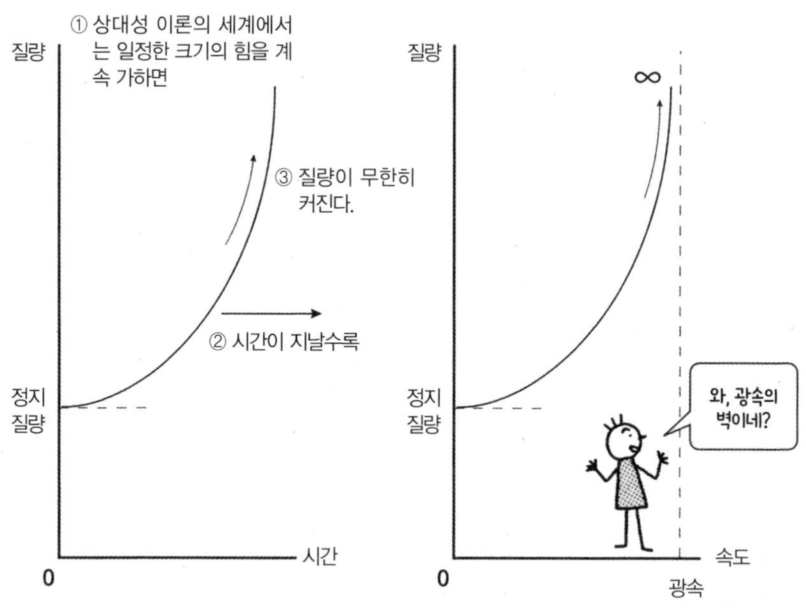

23 에너지와 질량의 수상한 관계

에너지는 질량을 증가시키는 데 사용된다

물체에 일정한 크기의 힘을 계속 가하게 되면 물체에 주입한 에너지를 물체가 전부 운동 에너지로 받아 계속 운동을 하는 것이 뉴턴 역학의 세계다. 미녀에게 돈을 계속 지불하면 미녀는 그 돈으로 점점 많은 옷이나 보석을 사는 것과 같다.

이에 반해 상대성 이론의 세계에서는 물체의 속도가 뉴턴 역학의 경우보다 작아 뉴턴 역학의 운동 에너지가 부족하다. 그 대신 뉴턴 역학에서는 불변이었던 질량이 상대성 이론에서 속도와 함께 증가하여 운동 질량이 된다. 운동 질량이란 운동하고 있는 물체의 질량이라는 뜻으로, 정지해 있는 물체의 질량을 정지 질량이라고 하는 것과 쌍을 이룬다.

음식물을 통해 먹은 영양분이 전부 운동 에너지로 사용되지 않고 일부가 체내에 축적되어 체중이 증가하는 것과 비슷하다.

아인슈타인은 이런 생각에 착안해 에너지와 질량을 따로 취급했던 기존의 생각을 근본적으로 수정하여 물체에 주입한 에너지는 물체의 질량을 증가시키는 데 사용된다는 것을 주장함으로써 에너지와 질량의 동등성을 밝힌 것이다.

에너지가 질량과 똑같다고 해도 에너지와 질량은 성질도 다르고 단위도 다르다. 질량의 단위는 kg이고, 에너지의 단위는 줄(J)이다. 줄은 뉴턴 역학의 운동 에너지 [질량×속도의 제곱÷2]에서 알 수 있듯이 kg×(m/초)의 제곱이 그 단위다. 따라서 kg을 단위로 하는 질량에 적당한 속도(m/초)를 제곱한 상수를 곱하면 단위도 에너지도 모두 똑같아진다. 다음 항목으로 넘어가 보자.

에너지 = 질량 × (?)

에너지의 단위 질량의 단위

$$(\text{kg}) \times \left(\frac{\text{m}}{\text{초}}\right)^2 = (\text{kg}) \times (\ ?\ )$$

운동 에너지

$$\left(\frac{1}{2}mv^2\right)$$

질량 속도

이걸로 됐어.

왠지 억지 같네요.

24 왜 E=mc²일까?

에너지와 질량의 관계는 광속의 제곱으로 등치된다

질량이 속도와 함께 증가한다(50쪽 참조)는 것은 질량과 속도는 깊은 관계가 있다는 뜻이다.

뉴턴 역학에서는 질량과 속도를 곱한 것을 운동량이라고 한다. 무거운 사람이 빨리 달리면 운동의 세기가 크다. 질량과 속도의 곱은 운동량의 크기를 나타낸다.

아인슈타인은 공간과 시간의 개념을 바꿨다면 공간과 시간이 연결되어 있는 속도도 바꿔야 하고, 운동량의 내용도 바꿔야 한다고 생각했다. 오른쪽 식을 보고 $E=mc^2$가 어떻게 해서 도출되었는지를 대강이나마 이해하기 바란다.

반야심경에는 '색즉시공, 공즉시색'이라는 여덟 자가 있다. '색'이란 물질의 세계, '공'이란 에너지로 해석하여 '아인슈타인은 반야심경을 과학적으로 증명했다'고 하는 사람이 있다. 마치 반야심경이 $E=mc^2$를 먼저 깨달았다고 생각할 수 있겠지만 필자는 아니라고 생각한다. 에너지(E)와 질량(m)의 관계가 광속(c)의 제곱에 의해 등치된다는 양적 관계야 말로 중요하다. 앞 항목에서 에너지는 질량×뭔가의 속도의 제곱이라는 부분까지 살펴보았고, 이번 항목에서는 바로 그것이 광속이라고 했다.

이 우주에서 모든 물질의 질량 안에 봉해져 있는 뭔가를 방출하면 에너지가 된다. 그 뭔가에 적합한 것이 무엇이냐고 하면 이 우주에 보편적으로 오고 가는 빛을 제외하고는 없을 것이다. 질량과 에너지 사이를 맺어 주는 것이 빛 외에 무엇이 있을까? 원자폭탄 안에 봉해져 있는 에너지의 해방은 번

짝하는 빛을 수반하지 않고는 불가능하다는 것을 생각하면 이해하기 쉬울 것이다.

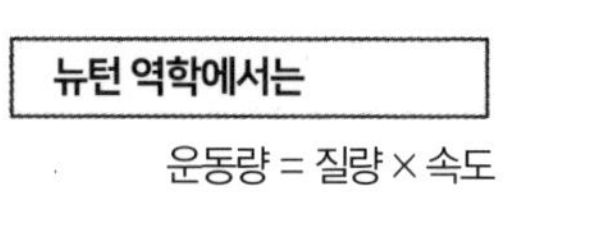

뉴턴 역학에서는

운동량 = 질량 × 속도

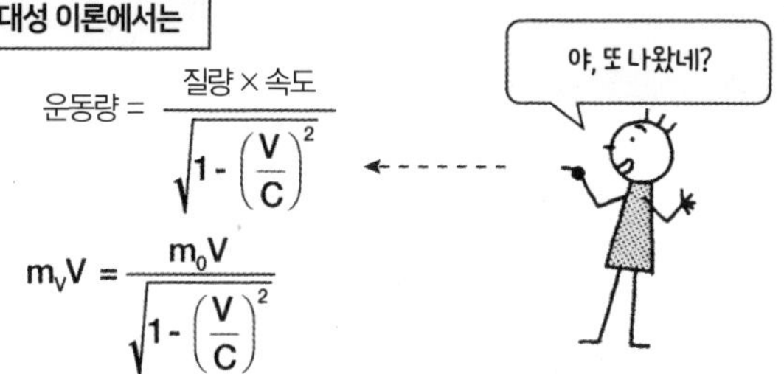

상대성 이론에서는

$$\text{운동량} = \frac{\text{질량} \times \text{속도}}{\sqrt{1-\left(\frac{V}{C}\right)^2}}$$

$$m_V V = \frac{m_0 V}{\sqrt{1-\left(\frac{V}{C}\right)^2}}$$

이 식의 양변을 V로 나누면

$$m_V = \frac{m_0}{\sqrt{1-\left(\frac{V}{C}\right)^2}}$$

(m_0 : 물체의 정지 질량
m_V : 물체의 운동 질량)

또 상대성 이론에서는

$$E = \frac{m_0 C^2}{\sqrt{1-\left(\frac{V}{C}\right)^2}}$$

대입한다.

$V = 0$ 일 때

$\sqrt{1-\left(\frac{V}{C}\right)^2} = 1$ 이 되어

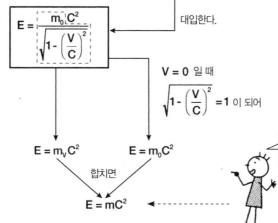

$E = m_V C^2$　　　$E = m_0 C^2$

합치면

$E = mC^2$

어라, 뉴턴 역학에서는
운동에너지 $K=\frac{1}{2}mv^2$ 였지요?

25 4차원 시공간에 온 것을 환영합니다

4차원 기하학이라 부르는 특수 상대성 이론

아인슈타인이 취리히 대학에서 배웠던 교수 중에 민코프스키(1864~1909년)라는 교수가 있다. 아인슈타인은 민코프스키에게 그다지 뛰어난 학생으로 여겨지지 않았던 것 같다. 그래서 특수 상대성 이론의 논문을 읽은 민코프스키는 '이것이 정말 아인슈타인이 쓴 논문인가'라며 놀라워했다. 민코프스키는 특수 상대성 이론을 4차원 기하학이라 표현했다.

뉴턴 역학에서는 1차원인 시간과 그와 무관한 3차원인 공간을 물리 현상의 무대로 생각했었지만 상대성 이론 이후에는 이 둘을 하나로 한 4차원의 시간과 공간이라는 넓은 무대를 물리학의 무대로 생각하게 되었다. 이러한 확대를 '4차원 시공간' 또는 '4차원 시공 연속체', '4차원 세계'라고 한다. 우리가 그 형태를 그리거나 상상하는 일은 불가능하기 때문에 수식을 사용하여 표현할 수밖에 없다.

시간과 공간은 다른 점도 있어 시간 t를 오른쪽과 같이 u=ict와 같은 형태로 써야 시간과 공간 좌표가 똑같은 형태로 나타나게 된다. 이렇게 하면 특히 특수 상대성 이론에서는 모든 식이 간략화 되어 아름다워진다. 하지만 이것은 평범한 사람이 특수 상대성 이론을 더욱 이해하기 어렵게 만드는 요소로, 중학교 때까지 배운 수학을 바탕으로 상대성 이론을 누구나 알기 쉽게 하려는 이 책의 목적에 맞지 않으므로 지금까지는 언급하지 않았다.

그런데 이 민코프스키 공간은 일반 상대성 이론을 위해 중요한 초석이 된다. 아인슈타인은 중력이 없는, 특수 상대성 이론의 세계에서는 평탄한 민코프스키 공간의 왜곡에 의해 중력장이 있는 일반적 상대성 이론이 구축된다고 생각했기 때문이다. 문제는 시간이 어떻게 왜곡되는지이다(102쪽 참조).

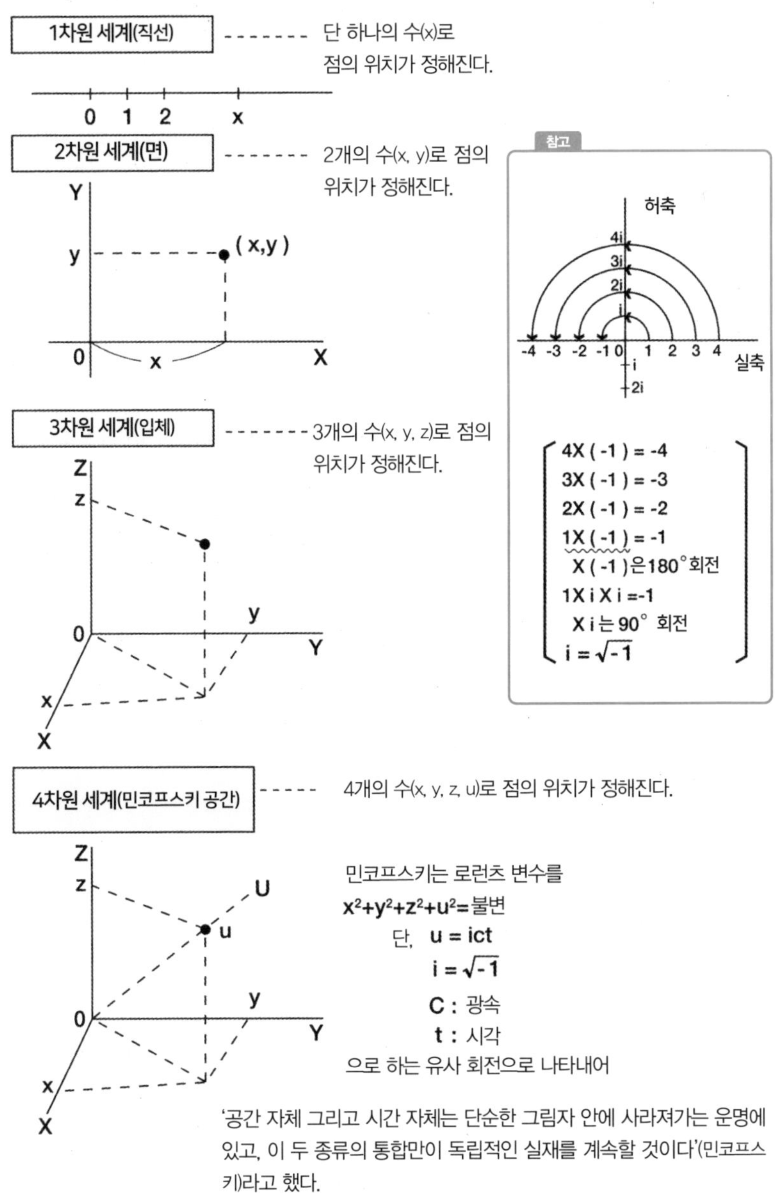

'공간 자체 그리고 시간 자체는 단순한 그림자 안에 사라져가는 운명에 있고, 이 두 종류의 통합만이 독립적인 실재를 계속할 것이다'(민코프스키)라고 했다.

아인슈타인의 생애 2
COLUMN

독일을 탈출, 이탈리아와 스위스에서 생활하다

1880년대의 독일은 전기와 화학을 중심으로 한 공업화가 급속히 진행되어 이로 인해 승자와 패자의 격차가 벌어지고 사회는 혼란스러웠다. 그럴 때마다 독일에서는 항상 유태인에 반대하는 목소리로 시끄러웠다. 학교 친구들은 등교 시에 아인슈타인을 괴롭히거나 험담을 했다.

그래도 따뜻한 가정이 있는 한 아인슈타인은 정신적 안정을 유지할 수 있었다. 그러나 불황이 오래 가고 상황이 급변하여 전기의 교류를 대규모로 조종할 수 있는 지멘스와 같은 대기업이 약진한 탓에 직류를 고집하던 아인슈타인 일가의 사업은 악화되었다. 일가는 졸업 직전의 아인슈타인을 학교에 남기고 이탈리아 밀라노로 이사를 갔다. 하지만 아인슈타인은 고독과 더불어 암기 중심의 그리스어 수업을 견디지 못하고 김나지움을 중퇴했을 뿐만 아니라 가족의 뒤를 이어 독일 시민권마저 버려 버렸다.

독일을 버린 아인슈타인은 이탈리아에서 가족과 함께 자유롭고 즐거운 생활을 보냈다. 하지만 아버지의 사업이 또 도산하게 되어 파비아로 이사했지만 또 다시 도산했다. 아인슈타인도 더 이상 부모에게 기댈 수가 없어서 김나지움 졸업장이 없어도 들어갈 수 있는 학교를 찾았다.

학교는 금방 찾았는데 스위스에 있는 독일어권이지만 비독일계인 취리히 고등공업학교(훗날 취리히 공과대학)이었다. 시험에는 떨어졌지만 수학과 물리에서 최고점을 받아 교장이 '어디든 김나지움을 졸업하고 오면 1년 후에 입학시켜 주겠다'고 약속했다. 그래서 스위스 아라우에 있는 아르가우 주립학교에 편입을 했다. 주립학교 교수 집에서 하숙을 했는데 따뜻한 분위기의 가정이었다. 그리고 아인슈타인은 그 집 딸과 첫사랑에 빠졌다. 그런 환경에서 아인슈타인의 기분은 고양되어 '빛과 함께 날다'라는 백일몽을 꾸었다.

제 3 장

양자역학과 함께 마이크로의 세계로

26 시간 지연을 비행기로 조사한 남자

상대성 이론의 예언을 증명한 실험

1971년에 조지프 하펠과 리처드 키팅이라는 두 명의 미국인이 제트 비행기에 세슘 원자를 사용한 원자시계 4대를 싣고 약 1만m 상공을 20시간 정도 비행했다. 워싱턴에 놓아 둔 지상의 표준시계와 비행기에 실은 원자시계의 차이가 발생하는지를 살펴보기 위해서다.

시간의 지연에 대해서는 2가지 효과가 있었다. 하나는 운동하고 있는 물체는 시간이 천천히 흐른다는 특수 상대성 이론의 효과이고, 다른 하나는 지구 표면에서 떨어져 있는 물체는 시간이 빨리 흐른다는 일반 상대성 이론의 효과(추후 설명)다.

비행기의 속도는 시속 900km이고, 지구의 자전은 적도 상에서 시속 1,667km로, 이는 KTX 최고 속도의 약 5배에 달하는 속도다. 지구의 자전에 대해 적도 위를 동쪽으로 날면 〈지구의 자전 속도 + 비행기의 속도〉가 되어 더 빨라진다. 서쪽으로 날면 그 차가 되므로 상당히 느린 속도가 된다. 왜냐하면 서쪽으로 도는 경우 지구의 자전 속도보다 느리게 운동하여 속도의 효과로 시간은 지상의 시계보다 빨리 흐른다. 더욱이 높은 곳을 날면 역시 시간은 더 빨리 흐른다. 그 결과 20시간 비행을 하면 비행기의 시계는 270나노초 빨라진다는 계산이 나온다. 나노초란 1초의 10억분의 1을 말한다.

반면에 동쪽으로 도는 비행기의 경우는 지구의 자전보다 빨리 운동하므로 시간이 천천히 흐른다. 그런데 높은 곳을 날기 때문에 시간은 빨리 흐른다. 그 차를 구하면 시간은 천천히 흘러 약 40나노초 정도 느려진다. 이 실험의 결과가 상대성 이론의 예언과 딱 맞아 떨어진 것이다.

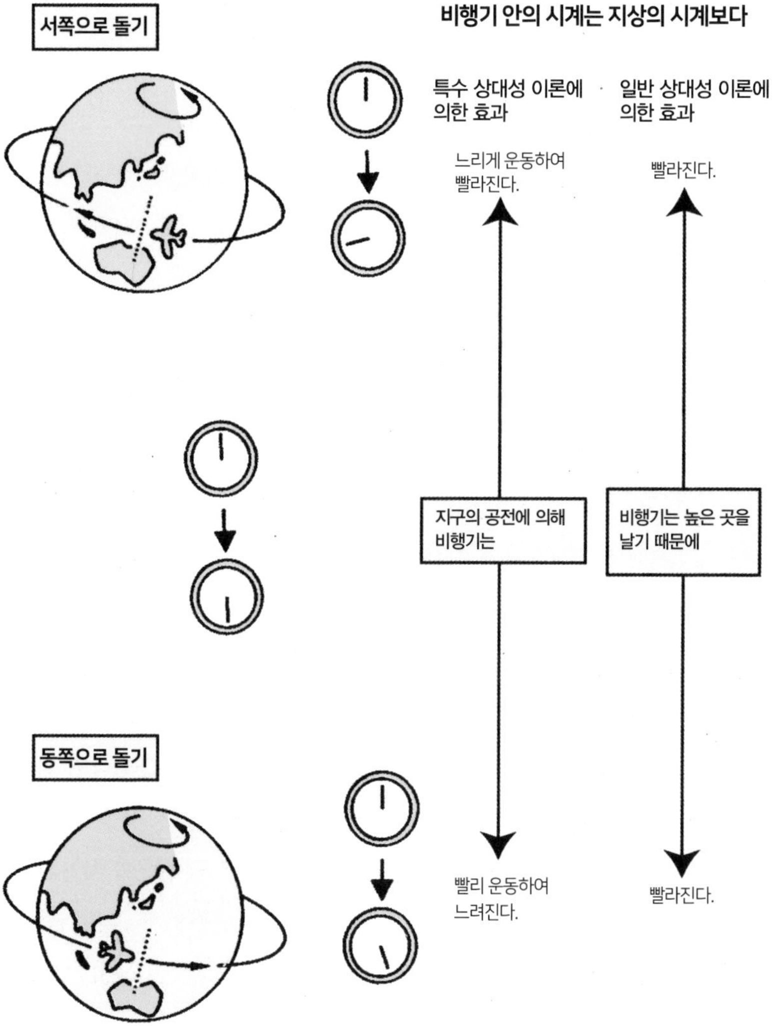

서쪽으로 돌기

비행기 안의 시계는 지상의 시계보다

특수 상대성 이론에 의한 효과

일반 상대성 이론에 의한 효과

느리게 운동하여 빨라진다.

빨라진다.

지구의 공전에 의해 비행기는

비행기는 높은 곳을 날기 때문에

동쪽으로 돌기

빨리 운동하여 느려진다.

빨라진다.

27 우주 방사선에 감춰진 수수께끼

우주에서 날아온 소립자의 운명

원자는 전자, 양성자, 중성자 등의 소립자로 구성된다. 소립자란 물질을 구성하는 기본적인 입자를 말한다. 소립자에는 그 외에 몇 십 종이 있다고 한다. 하지만 우리 주변에 보통 존재하는 것은 그렇게 많지 않다. 왜냐하면 대부분의 소립자는 극히 짧은 시간에 다른 잘 알려진 여러 소립자로 바뀌어 버리기 때문이다.

예를 들어 μ입자(뮤온: muon)라는 소립자는 세상에 태어나서 약 2마이크로초라는 평균 수명을 가지고 전자와 2개의 뉴트리노(중성미자)로 붕괴되어 자신은 죽어버린다. 1마이크로초는 1초의 100만분의 1이라는 짧은 시간이다. 이 뮤온은 우주로부터 날아온다. 우주에는 우주 방사선이 많이 날아다니고 있다. 항성(태양과 같이 스스로 빛을 발하는 별)이 수명을 다하면 마지막으로 폭발이 일어나곤 하는데, 그때 우주 방사선이 방출된다. 우주 방사선은 우주 공간에 존재하는 높은 에너지의 방사선 또는 그것이 지구의 대기 안에 들어와 생긴 방사선을 말한다.

우주 방사선의 대부분은 양성자인데, 대기중에 공기 분자와 부딪혀 파이 중간자, 원자, 양전자 등이 만들어진다. 파이 중간자는 다시 바로 뮤온으로 바뀐다.

광속 30만km/초에 100만분의 2초를 곱하면 0.6km밖에 안 된다. 대기권의 두께는 몇 백km이므로 대기권에 돌입하자마자 붕괴되어 지상에는 도저히 도달할 수 없을 터이다. 그런데 1cm^{2}당 매초 100발 정도가 지표에 충돌하고 있다. 도대체 어떤 이유에서인지 살펴보자.

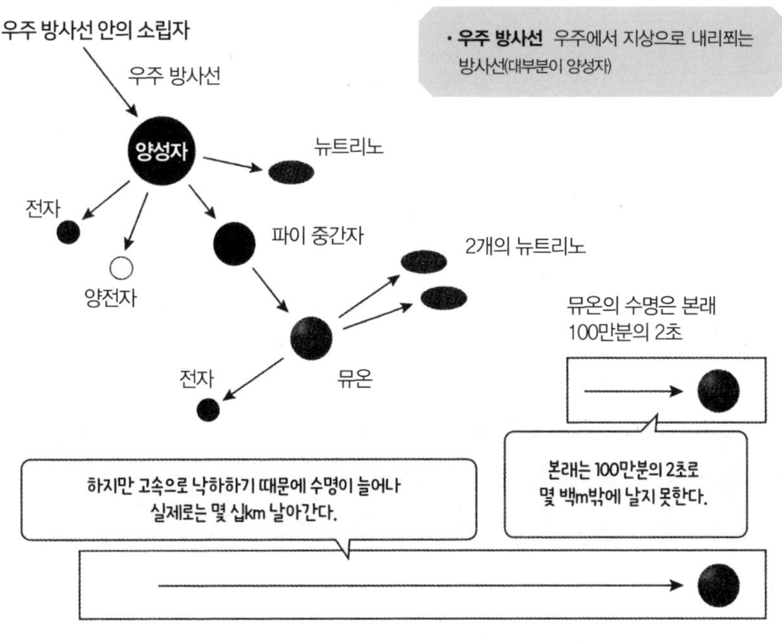
우주 방사선 안의 소립자
• 우주 방사선 우주에서 지상으로 내리쬐는 방사선(대부분이 양성자)
우주 방사선
양성자
뉴트리노
전자
양전자
파이 중간자
2개의 뉴트리노
전자
뮤온
뮤온의 수명은 본래 100만분의 2초
본래는 100만분의 2초로 몇 백m밖에 날지 못한다.
하지만 고속으로 낙하하기 때문에 수명이 늘어나 실제로는 몇 십km 날아간다.

뮤온이 광속의 99.94%로 움직였다고 하면...

$$\frac{V}{C} = 0.9994 \text{ 일 때} \qquad \frac{1}{\sqrt{1 - \frac{V^2}{C^2}}} = \text{약 29배}$$

시간의 흐름이 느려지므로 뮤온의 수명은 약 29배 늘어난다.

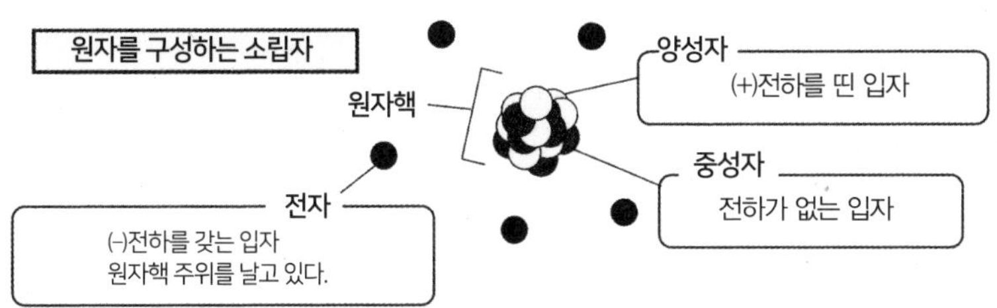
원자를 구성하는 소립자
원자핵
양성자
(+)전하를 띤 입자
중성자
전하가 없는 입자
전자
(-)전하를 갖는 입자
원자핵 주위를 날고 있다.

자연계에는 이 외에도 몇 백 종류의 소립자가 존재한다.

28 상대성 이론은 생명의 진화에도 공헌했다

뮤온의 수명 연장을 증명한 실험

일본의 유카와 히데오 박사가 바로 중간자의 존재를 예언하여 노벨상을 수상하였다. 이는 1936년에 관측되었으며 그때 중간자라는 이름이 붙여졌다. 하지만 나중에 중간자가 아니라 렙톤의 일종이라는 것이 밝혀져 뮤 입자(뮤온)라고 이름이 바뀌었다. 우주에서 날아오는 우주 방사선은 대기의 분자와 충돌하여 2차 우주 방사선을 다량 발생시켜 지상에 내리쬐이는데, 이 2차 우주 방사선의 대부분이 뮤온이다. 그 수명은 인간과 마찬가지로 제각각이지만 평균 수명은 2마이크로초다. 이 수명으로는 0.6km밖에 나아가지 못한다. 대기권의 두께를 생각하면 지상에는 도달하지 못해야 한다. 그런데 실제는 뮤온이 지표에서 발견되었는데, 이는 뮤온이 고속으로 지표에 내려오므로 지상에서 볼 때는 특수 상대성 이론의 효과로 시간이 천천히 흘러 수명이 늘어난 것처럼 보이기 때문이라 할 수 있다.

뮤온의 입장에서 보면 평균 수명은 100만분의 2초 그대로이지만 특수 상대성 이론의 효과로 대기 상공에서 지상까지의 거리가 줄어들어 많은 뮤온이 지상에 도달할 수 있게 된다고 할 수 있다. 그 결과 생물의 유전자에 부딪혀 돌연변이를 일으킴으로써 생명 진화에도 이바지했다는 것이다. 뮤온은 물질을 잘 투과시키는데 그때 물질의 밀도나 투과 거리에 따라 흡수되거나 방향을 바꾸는 성질이 있다. 때문에 화산이나 피라미드 내부 조사에 사용된다. 후쿠시마 제1원전 원자로의 투시에도 사용되어 이미지가 공개되었다.

뮤온의 수명 연장은 입자 가속기(다음 항목)를 사용한 실험에서도 확인되었다. 스위스 제네바에 있는 CERN(유럽 입자 물리학 연구소)에서 1976년에

시행한 실험이다.

뮤온을 광속의 99.94%까지 가속시켜 저장 링크에 축적해 두고 붕괴 시에 만들어지는 전자를 관측하여 그 반감기를 측정했다.

또 평균 수명은 반감기의 1.4427배로 정의되는데, 반감기는 붕괴로 인해 입자의 수가 반으로 줄어드는 시간이다. 이 실험에서 뮤온의 반감기는 44마이크로초로, 정지해 있는 경우의 28.9배가 되어 상대성 이론이 맞다는 것이 증명되었다.

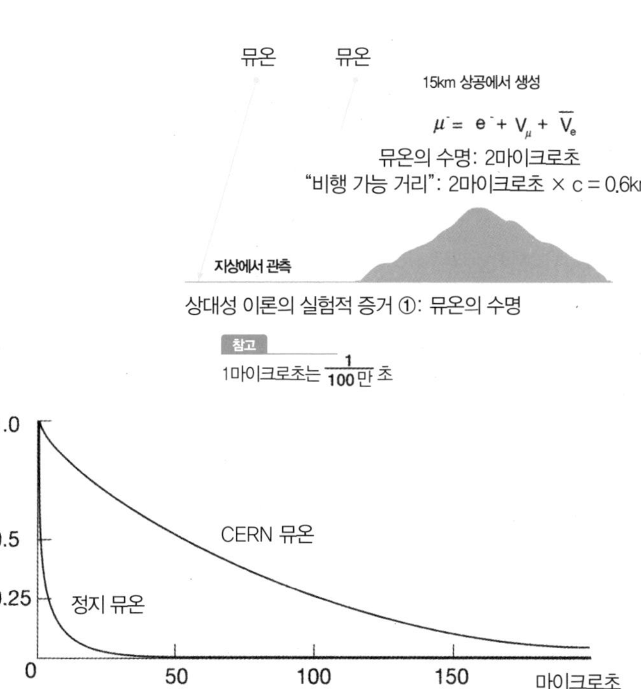

상대성 이론의 실험적 증거 ①: 뮤온의 수명

상대성 이론의 실험적 증거 ②: 뮤온의 붕괴 곡선

참고

생존율은 확률의 일종이다.
생존율 1은 모두가 생존해 있고, 생존율 0.5는 처음의 반이 남아 있으며, 생존율 0은 아무 것도 남아 있지 않다.

E=mc²

29 입자 가속기는 우주 탄생의 수수께끼를 풀 기계

에너지를 물질로 변환시킨다!!

특수 상대성 이론을 바탕으로 설계된 거대한 기계 장치가 있다. 바로 입자 가속기다. 초전도 자석을 여러 개 나열하여 복잡한 전기장과 자기장의 힘을 빌려 전기의 힘으로 전기를 가진 입자를 광속에 가까워질 때까지 입자를 가속시키는 장치다.

전자의 경우 빛의 속도의 0.99999999배, 즉 0 다음에 9가 8개 붙을 정도로 빛의 속도에 가깝게 가속시킨다. 전자보다 훨씬 무겁고 전자의 1,840배에 달하는 질량을 가진 양성자의 경우는 광속의 0.997배까지 속도를 올릴 수 있다. 속도를 올리려면 많은 에너지가 필요한데, 그 에너지의 대부분이 양성자의 질량으로 바뀌어 버린다. 그 결과 양성자의 질량은 정지한 상태의 질량의 약 13배가 되었고, 이것은 아인슈타인이 발견한 식 $E=mc^2$을 이용해서 얻은 값과 딱 맞아떨어졌다.

특수 상대성 이론을 기초로 설계된 입자 가속기가 목적한 대로 작동한다는 것은 특수 상대성 이론이 맞다는 것을 증명하는 것이다. 아인슈타인의 공식은 물질의 질량을 에너지로 변환시킬 수 있다는 것을 나타내는 것일 뿐만 아니라 그 반대의 프로세스, 즉 에너지를 물질로 변환시킬 수 있다는 것도 나타내고 있다.

예를 들어 질량을 갖지 않고 에너지만을 갖고 있는 빛의 입자(광자)를 가속기 안에서 충돌시키면 물질 입자를 만들어 낼 수 있다. 이것은 우주 물리학자에게 우주 진화의 기원, 즉 빅뱅이 일어났을 때 물질의 탄생에 대해 여러 가지를 생각할 수 있는 실마리를 제공해 준다. 입자 가속기는 이 우주가 탄생했을 때의 상태를 조사하는 탐사기이기도 한 것이다.

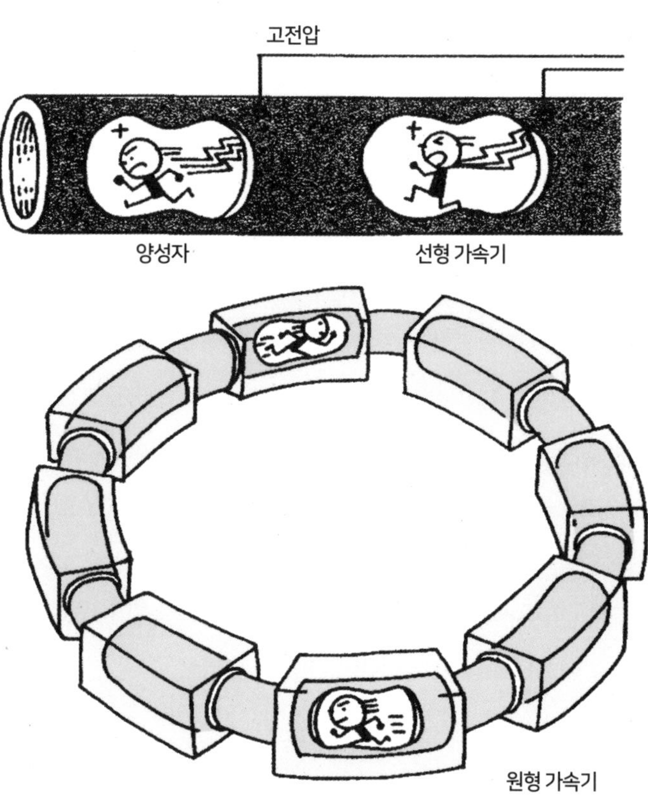

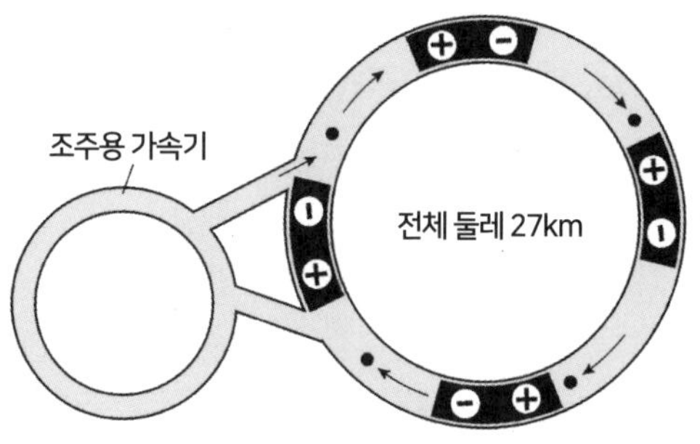

양성자를 광속에 가깝게 가속시켰더니 질량이 약 13배가 되었다.

30 암 치료에도 도움이 되는 특수 상대성 이론

상대론적 시간 지연이 가져다주는 신기함

이제 앞 항목에서 잠깐 소개한 우주 탄생보다 좀 더 우리 주변에 가까운 암 치료에 대한 이야기로 옮겨보자. 암 세포에 방사선을 쬐어 암 세포를 죽이는 치료는 항암제를 사용하는 화학요법보다 부작용이 적어 꽤 오래 전부터 행해져 왔다. 이 방사선요법 중 하나로 파이(π) 중간자를 쬐는 것이 있다. 이것은 일본의 유카와 박사가 예언한 중간자의 일족이다. 하지만 파이 중간자의 수명은 원래 1억분의 1초 정도로 보존이 어렵기 때문에 조사할 때마다 일일이 만들어야 해서 비용이 매우 비쌌다.

그래서 파이 중간자를 스토리지 링이라는 소형 입자 가속기 안에서 광속에 가까운 속도로 원 운동을 시켰다. 그러면 파이 중간자의 수명이 1~2개월 정도 연장된다. 이것이 바로 특수 상대성 이론에 의한 시간의 지연 효과인 것이다.

파이 중간자(오른쪽 그림)는 붕괴되면 에너지가 높은 빛인 감마선이 된다. 파이 중간자는 대부분 광속으로 움직일 때도 방출되는 빛이 광속으로 진행한다. 일반적인 개념으로 생각하면 빛과 거의 똑같은 속도로 운동하고 있는 것에서 앞 방향으로 광속의 빛이 나오면 광속은 거의 2배가 되어야 하지만 그렇지 않다는 것을 확인했다. 이로써 광속불변의 원리가 검증된 것이다.

입자 가속기가 점점 커지고 국가 예산을 크게 차지하는 이유는 가속시키면 시킬수록 소립자의 질량이 한없이 커질 뿐만 아니라 가속시키는 것은 에너지를 더욱 크게 만들 필요가 있다는 상대성 이론의 효과 때문이다. 입자 가속기에는 그럴 만한 가치가 있다고 생각하지만 여러분은 어떻게 생각하는가?

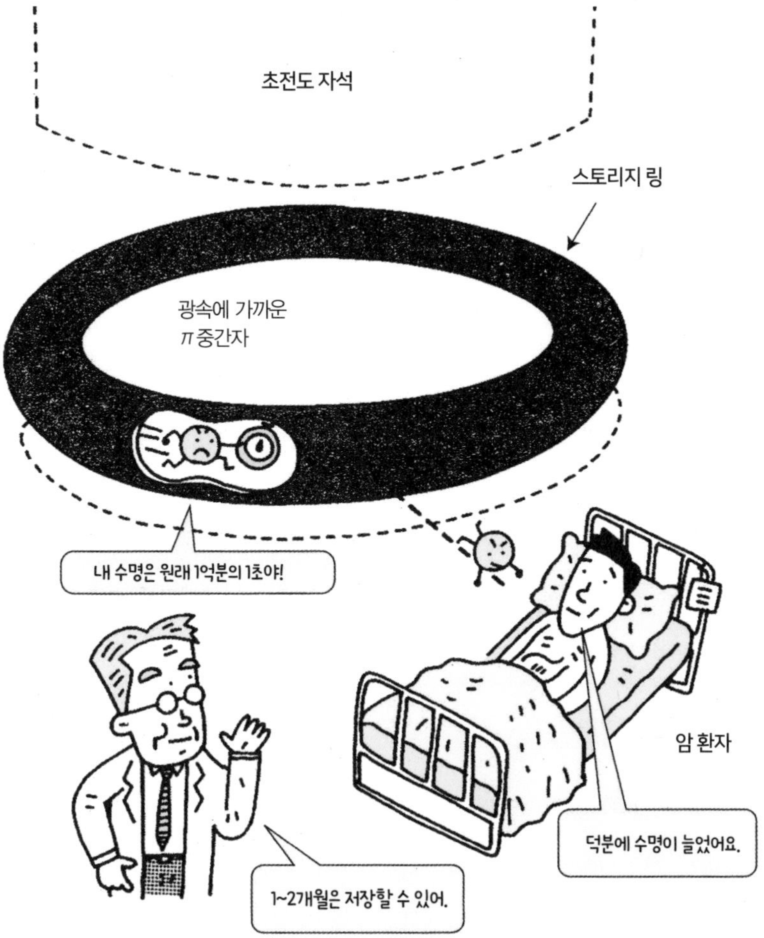

초전도 자석

스토리지 링

광속에 가까운
π 중간자

내 수명은 원래 1억분의 1초야!

암 환자

덕분에 수명이 늘었어요.

1~2개월은 저장할 수 있어.

유카와 박사의 중간자 모델

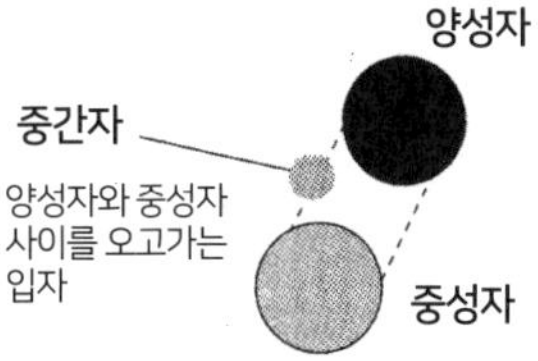

양성자

중간자

양성자와 중성자
사이를 오고가는
입자

중성자

3종류의 방사선

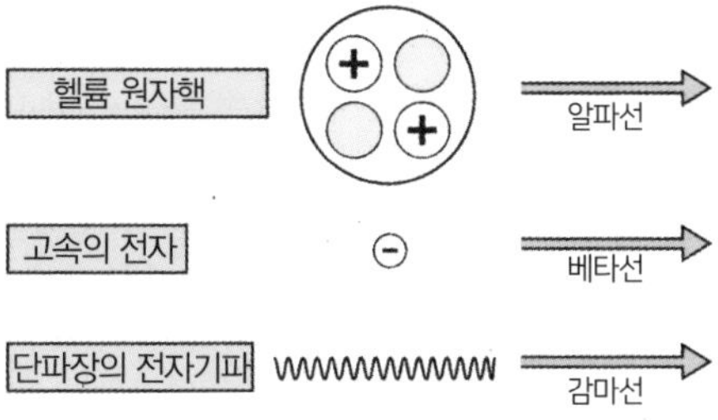

헬륨 원자핵 → 알파선

고속의 전자 → 베타선

단파장의 전자기파 → 감마선

31 20세기 이후의 문명은 상대성 이론 없이는 불가능!

상대성 이론이 만들어 낸 것 ①

우리 주변에서 가장 빠른 것은 무엇일까?

정답은 지구다. 지구는 태양의 주위를 초속 30km로 돌고 있다. 그래도 초속 30만km인 광속과 비교하면 만분의 1밖에 되지 않는다. 현대의 물질문명이 자랑하는 초고속 열차도 비행기도 인공위성의 속도도 모두 그 이하다. 우리 눈에 보이는 것 중에서 가장 빠른 것이 지구이지만 특수 상대성 이론의 효과는 거의 나타나지 않는다.

하지만 눈에 보이지 않는 원자나 그것보다 더 작은 소립자의 세계를 '마이크로' 세계라고 하는데, 물질의 계층을 거기까지 내려가면 광속에 가까운 속도로 움직이는 것이 많이 있다.

문명은 광속을 지향한다.

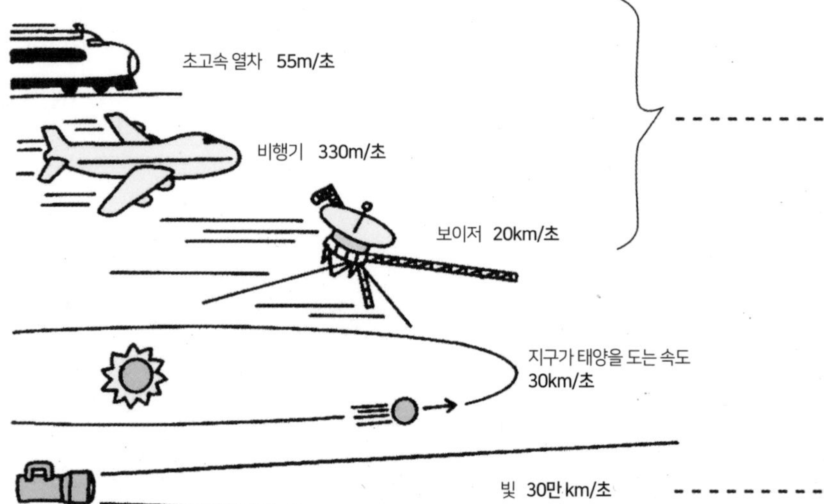

예를 들어 전기를 나르는 전자가 그렇다. X선 발생 장치 또는 입자 가속기 안에서 입자는 전기적으로 상당히 빠른 속도로 가속된다. 이러한 마이크로 세계에서는 특수 상대성 이론의 효과가 확실하게 나타난다.

상대성 이론은 양자역학과 함께 20세기 물리학을 지지하는 양대 기초 이론이 되었다. TV나 컴퓨터의 전자, X선과 같은 의료 장치, 원자력의 이용과 같은 기술은 상대성 이론과 양자역학이 등장하여 물리학의 개념이 크게 바뀌지 않았더라면 모두 존재하지 못하는 것들이다.

뉴턴 역학은 물체의 속도가 광속에 비해 아주 작은 경우에는 충분히 들어맞고 현대의 물질문명은 뉴턴 역학에 의해 이루어진다. 하지만 예를 들어 초고속 열차나 비행기는 모두 컴퓨터나 통신기기가 없으면 움직일 수 없고 그 내부의 시스템에서는 전자나 전파가 바쁘게 움직이고 있다. TV 모니터는 뉴턴역학적 계와 양자역학적 계의 인터페이스인 것이다.

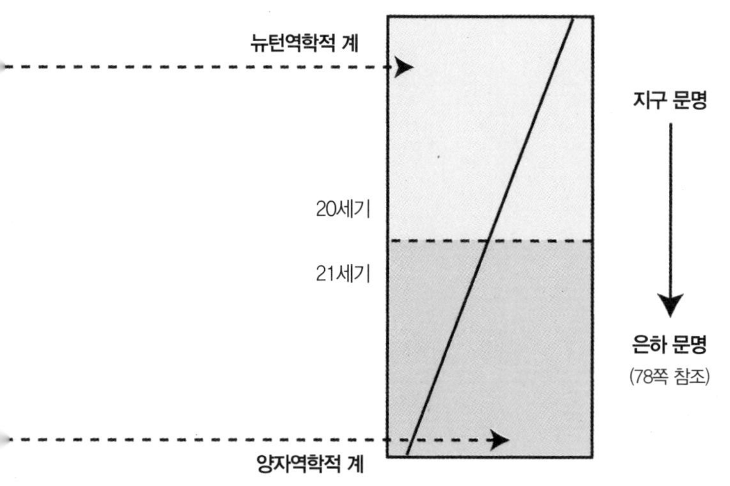

32 원전과 원폭의 상대론적인 세계

상대성 이론이 만들어 낸 것 ②

특수 상대성 이론의 효과를 실용화시킨 장치는 입자 가속기뿐만이 아니다. 의외로 알려져 있지 않았지만 사실 원자력 발전도 그중 하나다. 그런데 입자 가속기의 경우는 에너지의 대부분을 가속보다 질량의 증대에 사용하는 데에 비해 원전의 경우는 질량에서 에너지로 전환이 이루어진다. 그런 의미에서 원전은 역가속기라고 할 수 있다.

아인슈타인이 질량과 에너지가 서로 교환된다는 것을 발견할 때까지 질량과 에너지는 별개의 개념이었다. 아인슈타인의 발견 이후에도 원자핵으로부터 실용적인 에너지를 끌어낼 수 있으리라고는 아무도 생각하지 못 했는데, 이는 핵반응을 일으키는 데 필요한 에너지가 핵반응으로 방출되는 에너지보다 훨씬 컸기 때문이다.

우라늄의 핵분열

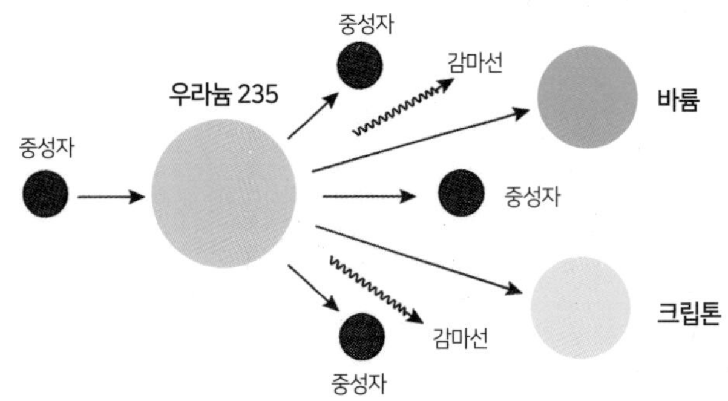

하지만 1938년 독일의 프리츠 슈트라스만과 오토 한이 우라늄에 핵분열을 일으켜 물리학자들 사이에 일대 센세이션을 불러일으켰다.

또 우라늄에는 3종류의 동위원소(양성자의 수가 똑같아 주기율표에서 똑같은 위치에 있지만 중성자의 수가 다른 원소)가 있는데, 그중 핵분열을 일으키는 것은 우라늄 235라는 원소로, 천연 우라늄에는 0.7%밖에 들어 있지 않다.

우라늄 235에 느린 중성자를 쪼이면 중성자를 삼킨 원자핵은 표주박 모양으로 변형되어 찢어져 2개로 분열되고 2~3개의 중성자를 방출한다. 그중 하나가 다른 우라늄에 닿아 다시 그 우라늄을 분열시킨다. 그러면 그 우라늄에서 또 중성자가 나오고, 이런 식으로 우라늄의 핵분열이 계속된다.

이 우라늄의 연쇄반응을 급격하게 일으키면 원자폭탄이 된다. 연쇄반응을 컨트롤하여 핵분열이 천천히 일어나게 한 것이 원자로로, 이것이 원자력 발전에 사용되고 있다.

우라늄의 연쇄반응

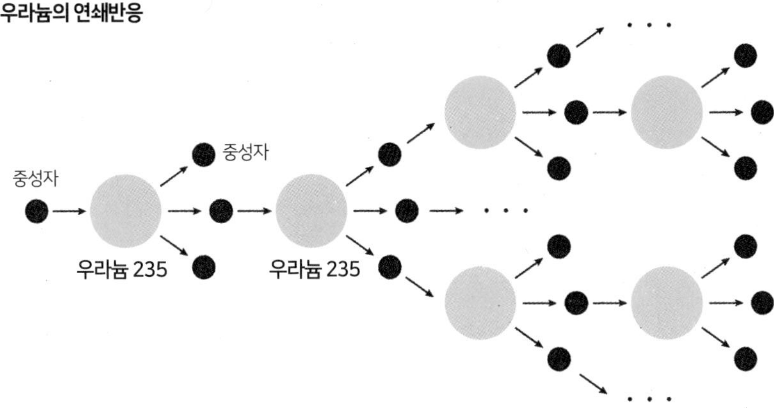

33 핵분열과 핵융합은 모두 원리가 똑같다

태양 에너지의 근원은 핵융합

앞 항목에서 핵분열의 원리를 설명했다. 여기서는 핵융합도 아인슈타인의 질량과 에너지의 동등성에 의해 일어난다는 것을 설명하고자 한다.

오른쪽 페이지에는 수소 원자 4개의 양성자가 서로 결합하여 헬륨 원자핵이 만들어지는 과정을 그림으로 나타내었다. 원래의 양성자 4개와 비교하여 헬륨 원자핵의 질량은 0.4% 감소하여 그 질량 차이에 해당하는 에너지가 방출된다. 빛나는 태양 에너지의 근원은 바로 이 핵융합이다. 하지만 원자핵이 융합할 때도 분열할 때도 에너지가 방출된다는 것이 이상하지 않은가?

불안정한 원소 중에서 원자핵이 가장 안정되어 있는 것이 철이다. 철보다 가벼운 원자의 핵은 융합할 때 에너지를 방출하고, 반대로 철보다 무거운 원자의 경우는 핵이 분열할 때 에너지를 방출한다는 구조로 되어 있다. 철보다 무거운 원자핵의 경우 원자핵이 커질수록 핵융합이 느슨해진다. 천연 원소 중에는 우라늄의 원자핵이 가장 크기 때문에 결합도 가장 느슨하다. 분열한 후의 바륨 등의 질량 결손 합계보다 우라늄의 질량 결손이 적다.

핵분열을 하기 전에는 질량 결손이 작고, 분열을 한 후에는 질량 결손의 합이 크다. 질량 결손은 원자핵의 합계 에너지가 질량의 감소라는 형태로 나타난다. 이 분열 전후의 질량 결손의 차가 핵분열의 에너지를 만들어 내는 것이다.

또 핵에너지가 석유를 태울 때 나오는 화학반응보다 비교가 안 될 정도로 훨씬 큰 이유는 핵의 힘이 전자기력보다 훨씬 강하기 때문이다.

가벼워!

무거워!

질량 차

에너지

태양

수소

핵융합

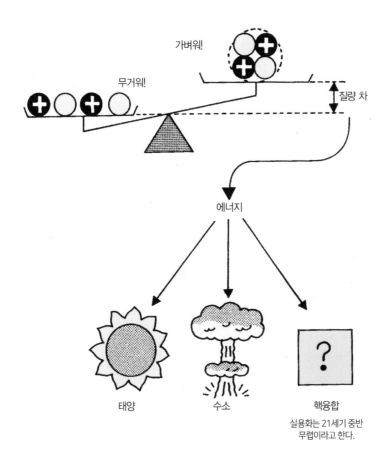

실용화는 21세기 중반 무렵이라고 한다.

'지상에 태양을'!?

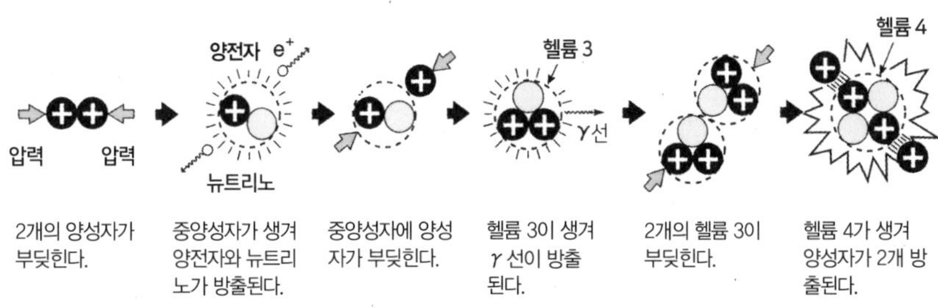

2개의 양성자가 부딪힌다.

중양성자가 생겨 양전자와 뉴트리노가 방출된다.

중양성자에 양성자가 부딪힌다.

헬륨 3이 생겨 γ 선이 방출된다.

2개의 헬륨 3이 부딪힌다.

헬륨 4가 생겨 양성자가 2개 방출된다.

34 상대성 이론이 은하여행을 가능하게 해준다?

원리적으로 가능한 기술은 실현된다

은하계에는 수소 가스와 같은 성간물질(星間物質)로 가득 차 있다. 이 성간물질을 먼 별로 가는 우주여행에 사용하자고 제안한 사람이 있다. 바로 미국의 버사드로, 1960년에 발표하였으며 오른쪽 그림에서 볼 수 있듯이 성간물질을 흡입구로 흡수하여 핵융합로에서 에너지로 변환시키고, 그 나머지를 분사물질로 만들어 분사하여 추진력을 얻자는 것이다. 앞 항목에서 설명했듯이 핵융합에는 특수 상대성 이론이 사용된다.

이로써 지구 표면상의 중력에 의한 가속도(1G)로 우주선을 계속 가속시킬 수 있다는 것이 원리적으로 가능해졌다. 영화 "2001: 스페이스 오디세이"의 원작자 아서 C. 클라크도 말했듯이 인류 역사상 일찍이 '원리적으로 가능한 것으로 실현되지 않은 기술은 없다.' 또 1G의 가속을 계속하면 지구 표면과 똑같은 효과(나중에 설명하겠지만 일반 상대성 이론의 등가 원리)로 우주선 안도 지구의 생물이 생활하는 데 아주 적합하다. 이 1G의 가속으로 태양계뿐만 아니라 은하계, 우주의 끝까지도 우리의 생 안에 도달할 수 있다. 왜냐하면 특수 상대성 이론의 효과로 인해 우주선 안의 시간은 광속에 가까워질수록 단축되기 때문이다.

은하여행에 있어서 거리와 시간에 대해서는 일본의 이시하라 후지오 박사가 만든 그래프를 참조하기 바란다.

이시하라 박사는 100광년을 여행하면 다른 별의 문명과 조우한다고 생각하여 전파를 통한 교신보다 실제로 여행하는 편이 더 빨리 달성할 수 있다고 지적했다. 즉, 전파로는 왕복 200년이 걸리지만 광속의 90%로 항해하는 우

주선 안의 시간은 단축되어 44년으로 해결된다는 것이다. 그 외에 상대론적 효과에 대해서는 이시하라 박사의 'SF 상대론 입문(Koudanshan Bluebacks)'을 참조하기 바란다.

램제트 추진 시스템의 기본 형태

(R. W. Bussad, Astronotic Acta, 1960)

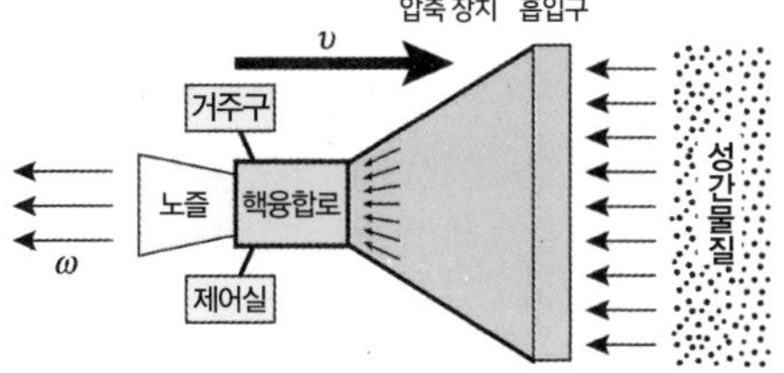

가(감) 속도 1G의 은하여행 시의 거리와 시간

이시하라 후지오 "은하-항성 간 여행은 가능할까" Koudansha 1979년 발행

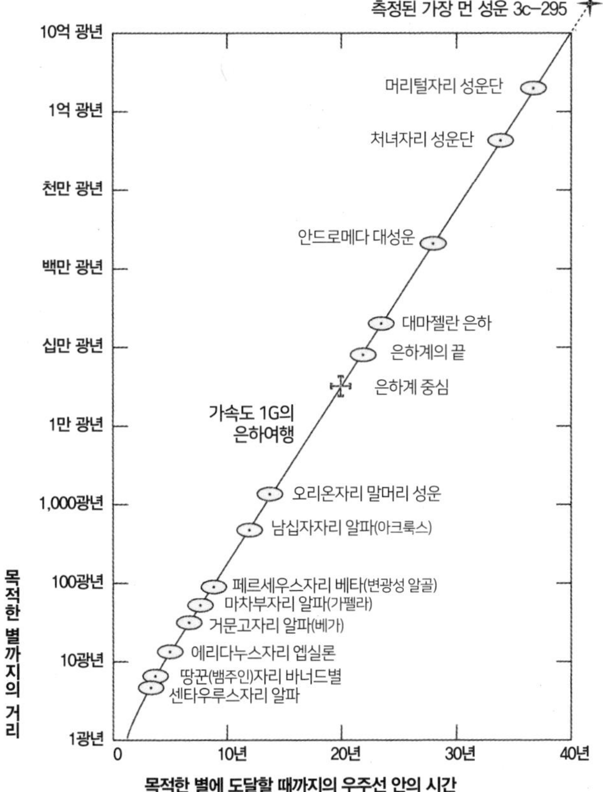

아인슈타인의 생애 ❸
COLUMN

스위스에서 다시 독일로

1896년 10월 드디어 아인슈타인은 취리히 고등공업학교에 입학하여 교수들에게는 '건방진 학생'이라는 소리를 들었지만 좋은 친구들을 만나게 되었고 세르비아에서 온 4살 연상의 밀레바와는 연인 사이가 되었다.

1900년에 동급생 4명 중에 꼴찌로 공업학교를 졸업하여 다른 3명은 학교의 조수가 되었지만 아인슈타인만 취업이 결정되지 않았다. 가정교사 등으로 입에 풀칠을 하던 2년 후 드디어 스위스의 수도 베른에 있는 스위스 특허청의 심사관으로 취직을 했다.

안정된 직장을 갖고 나서 밀레바와 결혼한 아인슈타인은 여러 사람들과의 교류를 돈독히 하면서 연구에 집중했다.

1905년에 아인슈타인은 3편의 혁명적인 논문을 발표했다. 바로 광양자 가설, 브라운 운동의 분자론, 그리고 특수 상대성 이론이다.

아인슈타인을 가장 먼저 알아본 사람은 독일의 플랑크이며, 그 후 프랑스의 푸앵카레와 퀴리 부인과 같은 유명한 과학자들도 즉각 인정을 했다. 아인슈타인도 계속해서 논문을 발표했고, 1908년에 베른 대학에서 강의를 했으며 연구가 더욱 유명해져 이듬해에는 취리히 대학에서 이론물리학 객원교수로 임명받았다.

1991년에는 당시 오스트리아 제국 프라하의 프라그 대학의 이론물리학 교수가 되었지만 다음해에 다시 스위스로 돌아가 대학으로 승격된 모교의 교수가 되었다.

1913년 11월에는 플랑크가 적극적으로 움직여 아인슈타인은 베를린 대학의 교수가 되었고, 이때 독일의 명예시민권을 얻었다. 이듬해 3월, 베를린으로 가지 않으려는 밀레바와 아들 둘을 취리히에 남겨 두고 아인슈타인은 혼자 베를린으로 떠났다.

제 4 장

일반 상대성 이론의 전모

35 난제 해결의 힌트는?

사람은 떨어질 때 자신의 무게를 느끼지 못 한다

아인슈타인은 특수 상대성 이론의 한계라는 약점을 고민했다.

고민하던 아인슈타인은 1907년 스스로에게 '내 인생에서 가장 행복한 생각'이라고 할 만한 획기적인 아이디어가 떠올랐다. 바로 다음과 같다.

'나는 베른 특허국의 의자에 앉아 있었다. 그때 갑자기 생각이 하나 떠올랐다. "어떤 한 사람이 자유 낙하를 한다면 그 사람은 자신의 무게를 느끼지 못 할 것이다"라는 생각이 든 것이다. 이 간단한 사고는 나에게 실로 깊은 인상을 주었다'(이시하라 준 〈아인슈타인 강연록〉에서 발췌).

이것은 이미 17세기에 갈릴레이가 '큰 쇠구슬이든 작은 쇠구슬이든 모두 똑같이 낙하한다'는 낙하 법칙에서 발견한 것이라고도 할 수 있다. 예를 들어 빌딩 옥상에서 다리 밑에 체중계를 놓고 떨어져 보면 여러분과 체중계는 모두 똑같이 떨어지므로 체중이 0으로 나올 것이다(실제로 실행하지 말도록).

그 다음 창문이 없고 밖이 보이지 않는 엘리베이터에 탔는데 이 엘리베이터의 줄을 로켓이 계속 잡아당긴다고 하자. 여러분은 자신의 몸에 힘이 작용하는 것을 느낄 것이다.

밖이 보이지 않는 여러분은 밖에서 무슨 일이 일어난 것이라고 생각할까? 아마 2가지 경우를 상상할 수 있을 것이다. 하나는 누군가가 엘리베이터를 끌어당겨 가속도 운동을 하고 있다는 경우와 다른 하나는 지구와 같은 별에 엘리베이터가 착지하여 그 중력으로 인해 몸이 무거워졌다는 경우다.

갈릴레오 갈릴레이는 상대성 이론의 성립에 2가지 공헌을 했다.

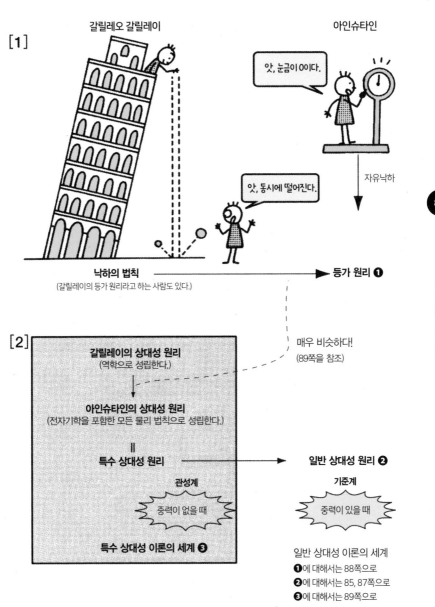

[1]

갈릴레오 갈릴레이

아인슈타인

앗, 눈금이 0이다.

자유낙하

앗, 동시에 떨어진다.

낙하의 법칙 → **등가 원리 ❶**

(갈릴레이의 등가 원리라고 하는 사람도 있다.)

매우 비슷하다!

(89쪽을 참조)

[2]

갈릴레이의 상대성 원리

(역학으로 성립한다.)

↓

아인슈타인의 상대성 원리

(전자기학을 포함한 모든 물리 법칙으로 성립한다.)

||

특수 상대성 원리 → **일반 상대성 원리 ❷**

관성계

중력이 없을 때

특수 상대성 이론의 세계 ❸

기준계

중력이 있을 때

일반 상대성 이론의 세계

❶에 대해서는 88쪽으로
❷에 대해서는 85, 87쪽으로
❸에 대해서는 89쪽으로

36 특수 상대성 이론의 2가지 약점

비관성계의 중력 문제

특수 상대성 이론은 지금까지의 물리학과는 달리 시간과 공간을 융합한 4차원 시공간을 배경으로 한 물리적으로 지극히 아름다운 이론이다. 시간과 공간의 통합으로 인해 질량과 에너지는 서로 교환할 수 있다는 중요한 발견도 나왔다. 그때까지의 물리학으로는 이해할 수 없었던 실험 결과를 명쾌히 설명한 공헌도 크다. 하지만 이렇게 대단한 특수 상대성 이론에도 약점, 아니 한계가 2가지 있다.

하나는 이 이론을 관성계 이외, 즉 비관성계(속도가 변화하는 기준계)에서는 사용할 수 없다는 점이다. 따라서 관성계에서 비관성계로 옮겨가는 것에 대해서는 아무런 해답을 찾을 수 없었다.

다른 하나는 중력에 대한 논의가 빠져 있다는 점이다. 상대성 이론이 탄생한 20세기 초엽 물리학에서 가장 중요한 '장'은 전자기장과 중력장이었다. 전자기장에 대한 맥스웰의 전자기학은 특수 상대성 이론이 탄생한 계기가 되었으며, 반대로 특수 상대성 이론은 전자기학이 맞다는 것을 증명하게 된 것이다. 하지만 다른 하나인 중력장에 대해서 아인슈타인은 특수 상대성 이론으로 중력장의 법칙은 완성시키지 못했다. 중력(만유인력)에 대한 뉴턴의 법칙과 특수 상대성 이론은 '힘'의 작용 방법에 대해 결정적으로 대립해 있었기 때문이다.

뉴턴의 만유인력의 법칙에 의하면 2개의 물체 사이에는 질량의 곱에 비례하고, 거리의 제곱에 반비례하는 인력이 순간적으로 작용한다. 아무리 거리가 떨어져 있어도 힘의 전달에는 시간이 걸리지 않는다. 이것은 아인슈타인

의 빛의 속도가 자연계의 최대 속도라는 기본 원리와 완전히 충돌하는 것이었다.

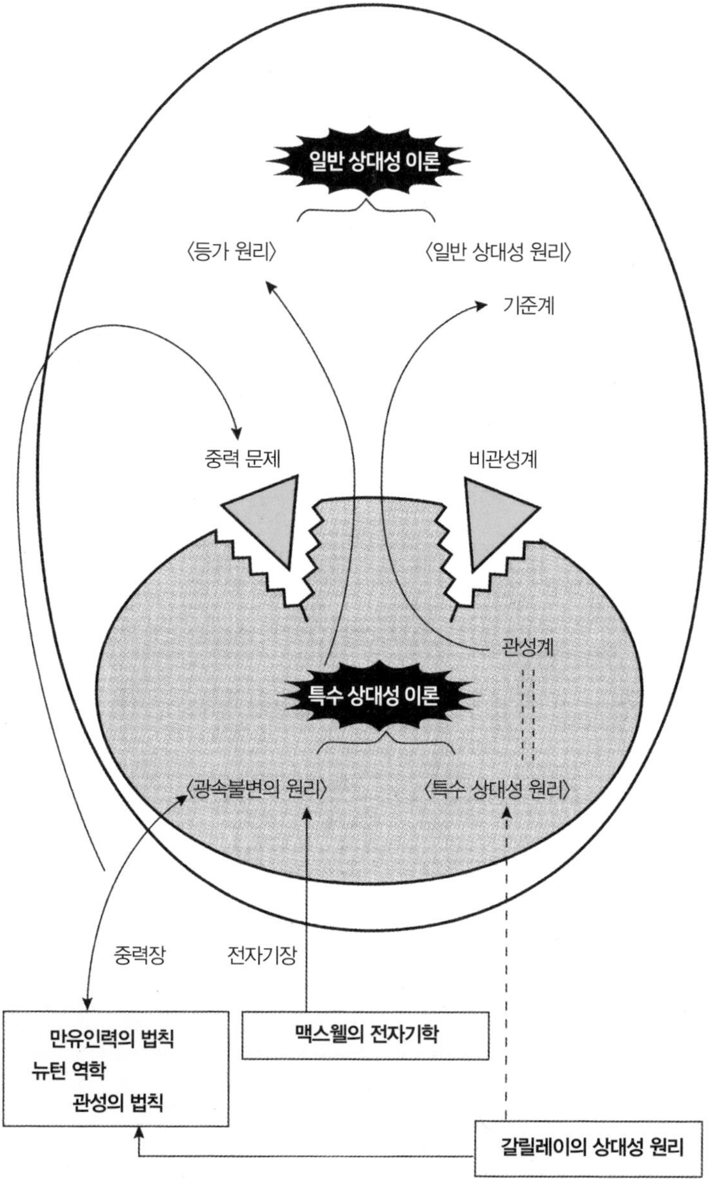

일반 상대성 이론
〈등가 원리〉
〈일반 상대성 원리〉
기준계
중력 문제
비관성계
관성계
특수 상대성 이론
〈광속불변의 원리〉
〈특수 상대성 원리〉
중력장
전자기장
만유인력의 법칙
뉴턴 역학
관성의 법칙
맥스웰의 전자기학
갈릴레이의 상대성 원리

E=mc²

37 일반 상대성 원리의 난제

낙하하는 엘리베이터에서 사과를 떨어뜨리면...

'관성계'를 '비관성계'로 바꾸면 특수 상대성 원리가 일반 상대성 원리가 된다. 이것은 다른 학자들은 생각할 수 없었고 아인슈타인만이 할 수 있는 일이었다. 왜냐하면 관성계는 여러 종류의 기준계 중에서 우등생이라 할 수 있는 기준계이기 때문이다. 그래서 물리학자에게 있어서 관성계는 좀처럼 손에서 놓을 수 없는 것이었다.

관성계를 기준으로 하면 물리학의 여러 법칙은 상당히 간단명료해진다. 게다가 중력장을 제외하면 모든 물리 법칙은 어떤 관성계를 기준으로 해도 완전히 똑같은 형태로 나타낼 수 있다. 이것이 관성계의 장점이다.

하지만 물리학을 기술할 때 '간단 명료'는 사실 본질적인 것이 아니다. 일가성(一価性)과 연속성(오른쪽 그림)만 만족시키면 어떤 좌표계든 상관없이 모든 물리 법칙은 완전히 똑같다. 그렇다고 하면 일반 상대성 원리가 더 자연스럽고 일반적으로 통용된다.

하지만 이 원리를 채택하면 실제로 당장 곤란한 일이 일어난다. 예를 들어 엘리베이터를 매달아 놓은 줄이 끊어져 엘리베이터가 자유낙하를 시작했을 때 엘리베이터 안에 있던 사람이 사과를 놓쳤다고 하자.

이것을 지상의 좌표계 S에서 보면 사과는 지상의 중력에 이끌려 뉴턴 역학에 따라 중력에 비례한 가속도로 자유낙하를 시작해야 한다. 그런데 엘리베이터 안의 좌표계 S′에서 보면 사과는 공중에 떠 있는 채로 정지해 있다. 중력이 작용하지만 가속도는 0이다. 즉, S′계에서는 뉴턴의 법칙이 그대로는 통용되지 않는다. 이래서는 일반 상대성 원리에 위반되어 버린다.

일가성의 조건 (4차원 시공간에서 일어나는 하나의 조건은 4차원 시공간도의 한 점으로 나타내야 한다.)

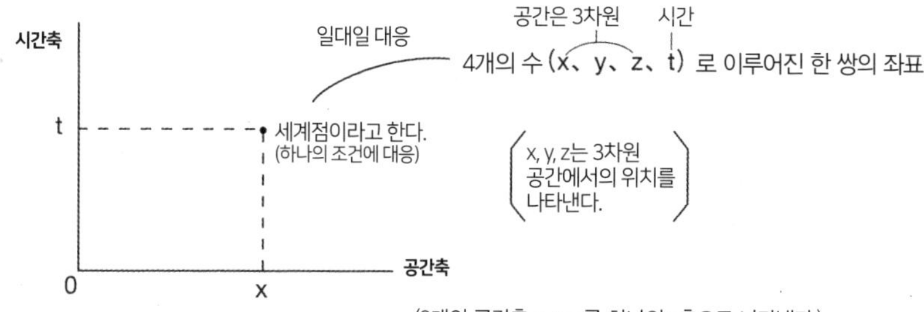

시간축
일대일 대응
공간은 3차원
시간
4개의 수 (x、 y、 z、 t) 로 이루어진 한 쌍의 좌표
t
세계점이라고 한다.
(하나의 조건에 대응)
x, y, z는 3차원 공간에서의 위치를 나타낸다.
0
x
공간축

(3개의 공간축 x, y, z를 하나의 x축으로 나타낸다.)

연속성의 조건 (입자가 시공을 움직이는 것은 연속적이어야 한다.)

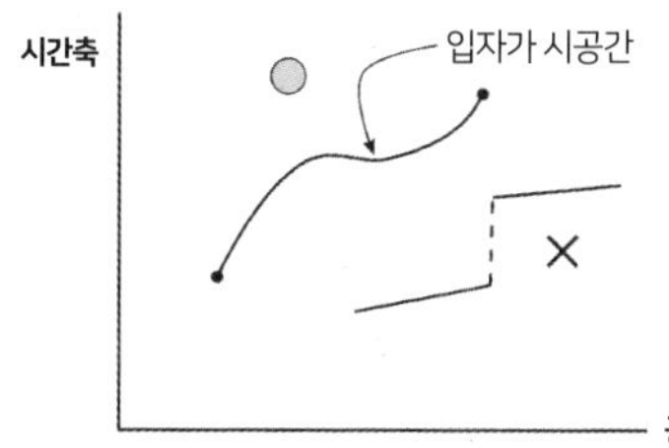

시간축
입자가 시공간
×
공간축

엘리베이터 사고 실험

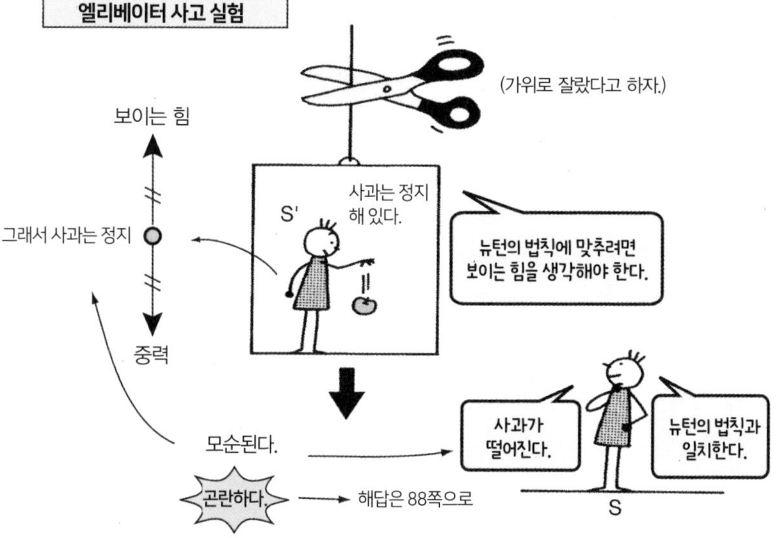

(가위로 잘랐다고 하자.)
보이는 힘
그래서 사과는 정지
중력
S'
사과는 정지 해 있다.
뉴턴의 법칙에 맞추려면 보이는 힘을 생각해야 한다.
모순된다.
사과가 떨어진다.
뉴턴의 법칙과 일치한다.
곤란하다.
해답은 88쪽으로
S

38 3개의 원리로 구축되는 일반 상대성 이론

일반 상대성 원리 · 등가 원리 · 중력이 존재하지 않을 때 성립하는 특수 상대론

엘리베이터 안의 물체에 대한 진짜 중력의 영향은 엘리베이터가 가속을 하고 있기 때문에 나타나 보이는 힘(관성력)에 의한 작용과 완전히 똑같다. 하지만 역학 현상으로 한정시키면 2개의 힘이 똑같다는 것은 갈릴레이에 의한 낙하 법칙 이후 주지의 사실로, 아인슈타인이 두말 할 필요도 없던 것이었다. 이 둘이 역학 현상뿐만 아니라 모든 물리 현상에도 똑같은 작용을 한다는 점이 아인슈타인의 창의성이었다. 이것이 바로 등가 원리다. 마치 갈릴레이의 상대성 원리에서 아인슈타인의 상대성 원리로 비약한 것과 매우 비슷하다.

등가 원리에 의하면 관측자가 적당한 가속도로 운동을 할 경우 그 사람 입장에서 보면 중력을 만들어 낼 수도 없앨 수도 있다. 앞 항목에서 다룬 자유낙하를 하는 엘리베이터 안의 사람 S′에서 보면 원래 지구의 중력이 S′의 낙하에 의해 새롭게 만들어진 윗방향의 중력과 상쇄된다. 그 결과 엘리베이터 안은 무중력 상태가 되어 사과가 공중에 떠 있는 채로 정지해 있는 것은 당연하다. 뉴턴의 법칙은 S′에서 봐도 엄밀히 성립한다. 이렇게 등가 원리는 일시적으로 성립을 위태롭게 했던 일반 상대성 원리에게는 구세주가 됨과 동시에 관성계 이외의 비관성계(속도가 변화하는 기준계)를 다룰 수 있는 가능성을 개척함으로써 일반 상대성 원리가 물리학의 기본 원리로 자리잡을 수 있게 만들었다.

또 하나 중력이 존재하지 않을 때 특수 상대성 이론이 엄밀히 성립한다는 것을 제3의 원리로 하여 이 3개의 원리로 일반 상대성 이론이 성립된다(오른쪽 그림 참조).

3개의 원리로부터 일반 상대성 이론을 이끄는 안내도

① 일반 상대성 원리 〈비관성계〉 ↔ 〈관성계〉 특수 상대성 원리

② 등가 원리 (중력 = 비관성계에 의한 관성력)

③ 중력이 없을 때는 특수 상대성 이론이 엄밀히 성립한다.

유중력 상태

39 2가지 무게의 수수께끼

중력질량과 관성질량은 어떻게 다를까?

여러분은 어떨 때 가장 '무게'를 느끼는가? 필자는 도서관에서 빌린 책을 모두 가방에 넣고 반환하러 갈 때 무게를 느낀다. 사람에 따라 다 다르겠지만 책은 왜 무거울까? 심리적으로가 아니라 물리적으로 말이다. 이런 물체가 지면(지구)을 향해 떨어지려고 하면 그것을 저지하기 위해 팔이든 어깨든 사용해서 저항하기 때문이다. 하지만 이런 물체와 함께 빌딩에서 떨어지면 무게는 느껴지지 않는다.

무게란 지구가 끌어당기는 힘(즉, 만유인력)에 거스르기 때문에 느껴지는 것이다. 정확히 말하자면 무게는 만유인력의 크기와 똑같다. 오른쪽 그림에 나타낸 절차에 따라 만유인력의 크기를 측정하면 어떤 물체든 그 질량을 구할 수 있다. 이 질량을 '중력질량(Gravitational mass)'이라고 한다.

하지만 무게가 1kg인 물체를 가지고 지구에서 멀리 떨어진, 주위에 아무 천체도 없는 공간에 떠 있는 우주선 안에서 만유인력의 크기를 측정하려고 하면 측정 방법을 찾을 수 없을 것이다. 우주선이나 우주선 안의 물질 간 만유인력이 있기는 하지만 너무 작기 때문이다. 여기서 힘을 가해 좀 움직여 보자. '움직이기 힘들다'는 것을 금방 깨달을 것이다. 그 크기는 일정 시간 동일한 힘을 가해 얼마나 멀어질지(가속할지)를 조사하면 알 수 있다. 이렇게 정하는 양이 '관성질량(Inertial mass)'이다.

이제 만유인력으로 정의된 1kg와 2kg의 물체를 만유인력이 없는 공간에서 움직여 보자. 2kg의 물체가 1kg의 물체보다 딱 2배 움직이기 어렵다. 즉, '중력질량'과 '관성질량'의 측정하는 방법은 전혀 다른데 결과적으로는 똑같은 값을 가진다는 것이다.

'무게'로부터 중력질량으로

무겁군
만유인력
만유인력의 법칙에 의하면 만유인력은 2개 물체의 거리의 제곱에 반비례한다.
거리가 포인트

'움직이기 힘듦'에서 관성질량으로

무중력 상태의 우주선 안의 방
신발은 바닥에 붙어 있다.
B
A가 B보다 2배 움직이기 힘들다.
A
"Inertial mass"
이렇게 구하는 질량을 관성질량이라고 한다.
물체를 적당히 정해 그걸 1kg라고 하자.
스프링이 2배 늘어난다. 만유인력이 2배
그렇다면 2kg라고 해도 되겠지.
6400km
"Gravitational mass "
중력질량은 만유인력을 느끼는 세기입니다.
지구의 중심
물체가 가속되기 어려운 정도
‖
움직이기 어려운 정도
‖
귀찮은 정도
‖
관성질량
‖
Inertial mass

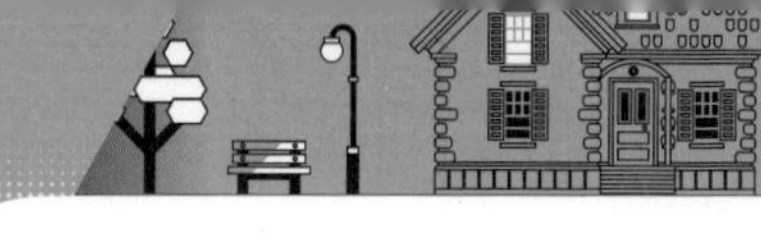

40 실험으로 증명된 2가지 무게의 일치

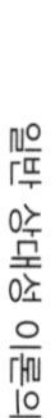

중력질량과 관성질량은 일치한다

앞 항목에서 설명했듯이 중력질량과 관성질량은 성질이 전혀 다름에도 불구하고 왜 일치하는 것일까? 정말로 일치하는지 아닌지에 대해서는 헝가리의 물리학자인 에트베슈(1848~1919년)의 실험이 유명하다. 오른쪽 페이지에 표시한 대로 (※)의 식이 성립하면 공 Ⅰ에 작용하는 인력과 원심력이 합성된 힘 F_1과 공에 작용하는 F_2는 평행이 된다. 그렇지 않고 만일 (※)의 식이 성립하지 않으면 F_1과 F_2와는 그림 ③과 같이 다른 방향을 향한다. 그러면 그림 ②와 같이 매달려 있는 실을 중심으로 비틀어진다.

에트베슈는 이 비틀림이 일어나는지 아닌지를 실험했다. 그 결과 관측할 수 없을 정도로 비틀림이 작다는 것을 발견했다. 공 Ⅰ, Ⅱ의 재질을 여러 가지로 바꿔 실험을 해도 똑같은 결과가 나왔다. (※)의 식이 성립한다는 것을 실제로 증명한 것이다.

(※)의 식은 어떤 물체의 중력질량과 관성질량의 비였다. 어떤 물체에 작용하는 중력 $M \times g$ 중 g는 지구와만 관계되는 상수로, 단위를 적당히 조절하면 중력질량 M과 관성질량 m을 똑같이 둘 수 있다. 그 후의 실험에서 10의 마이너스 11승의 정밀도, 즉 소수점 아래로 0이 10개 붙는 작은 부분까지 일치한다는 것을 확인했다.

하지만 그렇다고는 해도 중력질량과 관성질량은 성질이 전혀 다르다. 다름에도 불구하고 결과적으로 동일한 값이 나오는 것은 왜일까? 이것은 뉴턴 역학으로는 설명할 수 없다. 물론 뉴턴 역학에서는 둘을 굳이 구분할 필요도 없다. 아인슈타인의 일반 상대성 이론, 특히 등가 원리를 바탕으로 하면 이 당연한 결과를 도출해 낼 수 있다.

에트베슈의 실험

(이 실험은 아인슈타인의 상대성 이론이 세상에 나오기 전부터 진행되어 여러 번의 개선을 거쳐서 정밀도를 높여 갔다.)

그림 ①

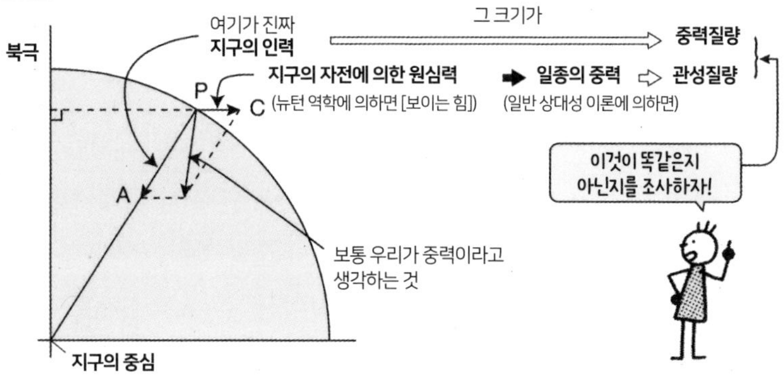

그림 ②

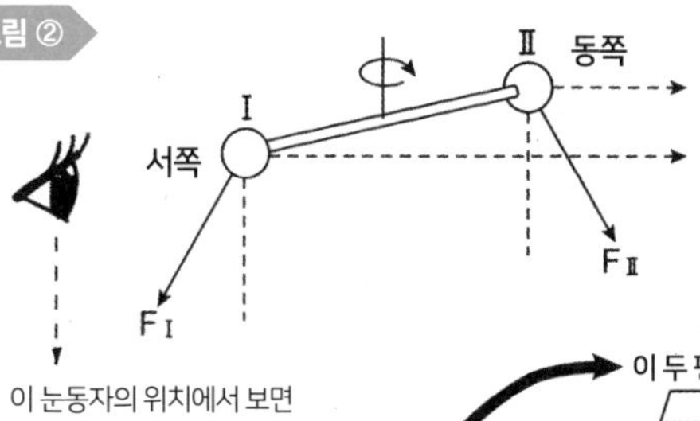

중력질량	관성질량	
M_{II}	m_{II}	공 Ⅱ
M_{I}	m_{I}	공 Ⅰ

(재질이 다른 공)

그림 ③

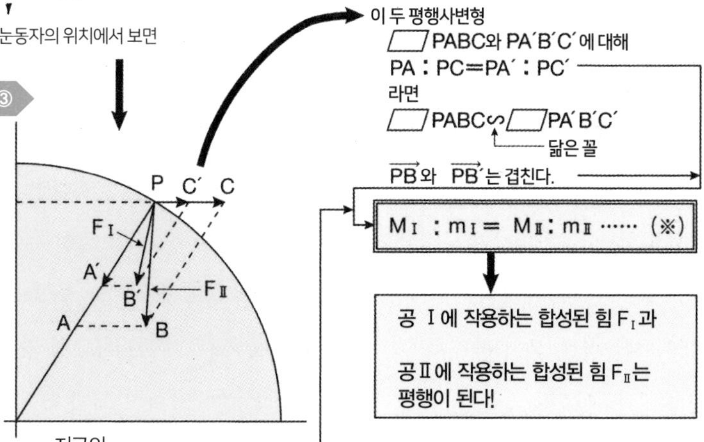

이 두 평행사변형
▱PABC와 PA′B′C′에 대해
PA : PC＝PA′ : PC′
라면
▱PABC∽▱PA′B′C′ ← 닮은 꼴
$\overrightarrow{PB}$와 $\overrightarrow{PB'}$는 겹친다.

$M_{\mathrm{I}} : m_{\mathrm{I}} = M_{\mathrm{II}} : m_{\mathrm{II}}$ …… (※)

공 Ⅰ에 작용하는 합성된 힘 F_{I}과

공 Ⅱ에 작용하는 합성된 힘 F_{II}는 평행이 된다!

인력	지구의 원심력		
$\overrightarrow{PA'}$	$\overrightarrow{PC'}$	공 Ⅱ	작용한다
$\overrightarrow{PA}$	$\overrightarrow{PC}$	공 Ⅰ	작용한다

각각 비례한다 ➡

동질량	관성질량
M_{II}	m_{II}
M_{I}	m_{I}

41 빛은 중력에 의해 휘어진다!

빛과 중력의 밀접한 관계 ①

'무게'인 중력질량과 '움직이기 어려운 정도'인 관성질량은 어찌됐든 처음부터 똑같은 것이라는 생각이 든다. 아인슈타인은 원래 똑같은 것을 일부러 반복한 것일 뿐이 아닌가 하는 생각도 든다.

왠지 원래 존재하지 않는 에테르를 존재하지 않는다고 주장했을 때의 아인슈타인과 아주 비슷하다. 아인슈타인은 당연한 것을 당연하게 말한 것뿐이지 않을까?

하지만 처음부터 당연하다고 말하기만 해서는 상대성 이론은 태어나지 않았을 것이다. 없는 에테르를 있다고 하고 원래 똑같은 2종류의 질량을 다르다고 한 환상을 깨는 아인슈타인이 등장했기 때문에 현실을 보는 눈이 깊어진 것이다.

쓸데없는 말이 길어졌는데 이제는 그림에 나타냈듯이 중대한 예상을 하나 할 수 있다. 바로 빛은 중력에 의해 휘어진다!는 것이다.

빛은 주위에 아무 것도 없는 우주 공간, 즉 중력이 없는 곳에서는 직진한다. 그렇다면 중력장에서는 어떨까?

또 예로 든 자유낙하를 하는 엘리베이터 이야기로 돌아가서 이번에는 엘리베이터에 작은 창이 붙어 있다고 하자. 그 창으로 빛이 들어오면 자유낙하를 하는 엘리베이터 안의 사람 S′에게는 무중력 상태에서 빛이 직진한다.

이 모습을 지표에 서 있는 S가 본다고 하자. 광속은 무한대가 아니므로 빛이 창문으로 들어가 반대편 벽에 도달할 때까지 아주 잠깐이지만 시간이 걸린다. 그 동안에 엘리베이터는 낙하하고 있다.

따라서 빛은 수평으로 직진하지 않고 조금 휘어져 낙하한다!!

빛이 직진하는 특수 상대성 이론의 세계 에서 빛이 휘어지는 일반 상대성 이론의 세계 로

$m = \frac{E}{c^2}$ ⟸ $E = mc^2$ ← 56쪽 특수 상대성 이론

관성질량m || 중력질량M ⟸ 등가 원리 ← 88쪽 일반 상대성 이론

크기 E의 어떤 에너지든

$$\frac{E}{c^2} = M$$

이라는 크기 M의 중력질량을 가진다.

이 에너지는 $\frac{E}{c^2} \times g$의 크기로 지구의 중력에 끌린다.

뉴턴의 운동 제2법칙

$F = ma$

F:힘

a:가속도

g:중력 가속도

설령 그것이 빛이 가지는 에너지라도 지구의 중력에 끌린다고 예상할 수 있다.

자유낙하에 의한 무중력 상태
직진
S'
S
휘어진다
중력의 세계
나한테는 이렇게 보여
이제 실험을 해 보자 ①
아직이야? ②
대단한 결과가 나올 거야 ③
그렇게 대단해? ④
특수 상대성 이론의 세계
일반 상대성 이론의 세계

42 빛은 지표보다 먼 곳에서 빨리 나아간다

빛과 중력의 밀접한 관계 ②

다시 한 번 더 엘리베이터의 자유낙하 사고 실험을 생각해 보자. 엘리베이터가 처음 그림 ①의 점선 위치에 매달려 있다. 엘리베이터의 왼쪽 벽 중앙에 뚫린 작은 구멍은 전봇대에 매달려 있는 전등과 높이가 똑같다. 전등을 켰다 다시 끈다. 이것을 신호로 엘리베이터의 로프가 끊어져 엘리베이터는 자유낙하를 시작한다. 전등에서 나온 빛의 일부는 구멍을 통해 엘리베이터 안으로 들어온다. 엘리베이터 안에 있는 사람 S′가 볼 때 빛은 왼쪽 벽의 바닥에서 높이 a의 위치에 있는 창으로부터 수평으로 들어오고 광속 c로 오른쪽으로 직진하여 오른쪽 벽의 바닥 위 a′의 점 Q에 도달한다. 이것을 지상에 서 있는 사람 S가 보면 빛이 오른쪽 벽에 도달한 순간 엘리베이터는 그림의 실험 위치까지 낙하해 있으므로 빛의 진로는 P와 Q를 잇는 곡선이 된다. 광선이 이와 같이 아래로 휘어지는 것은 지구의 중력에 의한 것이라고밖에 생각할 수 없다.

그림 ②는 구멍 P를 통과한 빛이 Q에 도달할 때까지 거쳐 온 길을 과장해서 그린 것이다. 튜브의 절단면 AB에서 다음 순간의 절단면 A′B′로 가는 시간에 A의 빛은 A′로, B의 빛은 B′까지 진행한다. 튜브가 그림과 같이 아래 방향으로 휘는 것은 A와 A′ 사이의 거리가 BB′ 사이보다 길다는 것이다. 따라서 튜브의 위쪽을 따라 진행하는 빛의 속도는 아래쪽을 따라 진행하는 빛보다는 빠르다. 다시 말하면 지표에서 먼 점을 진행하는 빛의 속도는 지표에서 가까운 점을 통과하는 빛의 속도보다 빠르다는 것이다.

이를 통해 중요한 결론 네 가지를 얻을 수 있다. 그중 하나는 등가 원리가 역학 현상뿐만 아니라 모든 현상에서 진실이라는 점이다(오른쪽 페이지).

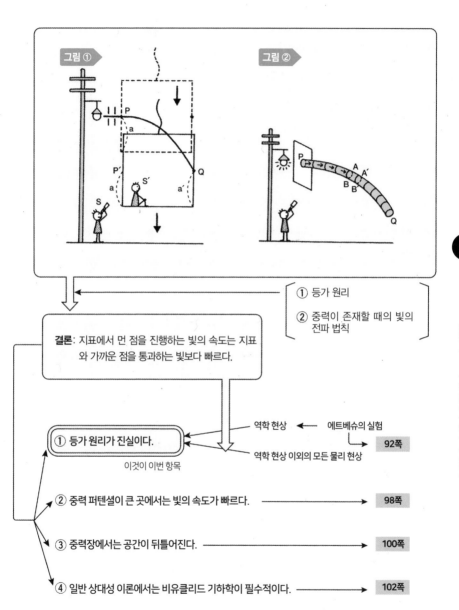

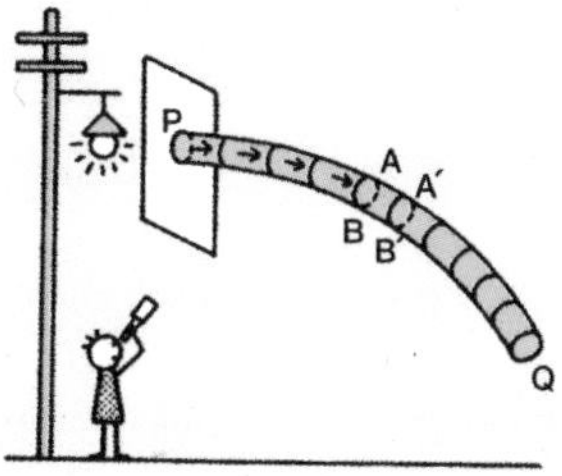

① 등가 원리

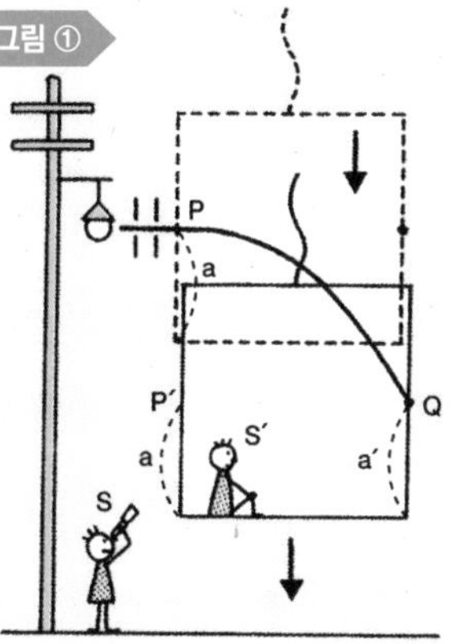

② 중력이 존재할 때의 빛의 전파 법칙

결론: 지표에서 먼 점을 진행하는 빛의 속도는 지표와 가까운 점을 통과하는 빛보다 빠르다.

역학 현상 ← 에트베슈의 실험 → 92쪽

① 등가 원리가 진실이다.

역학 현상 이외의 모든 물리 현상

이것이 이번 항목

② 중력 퍼텐셜이 큰 곳에서는 빛의 속도가 빠르다. → 98쪽

③ 중력장에서는 공간이 뒤틀어진다. → 100쪽

④ 일반 상대성 이론에서는 비유클리드 기하학이 필수적이다. → 102쪽

43 중력 퍼텐셜이 높으면 빛은 빨리 나간다

빛과 중력의 밀접한 관계 ③

일기도에는 똑같은 기압이 걸리는 장소를 선으로 이은 등압선이 그려져 있다. 바람은 등압선에 수직으로 기압이 높은 등압선에서 낮은 등압선을 향해 분다. 중력장의 모습을 나타내는 그림에서 일기도의 등압선에 해당하는 것이 '중력의 등퍼텐셜 면'이다. 실제 모습을 보면 선이 면을 나타내고 있다는 것을 알 수 있다.

갑자기 '퍼텐셜(potential)'이라는 말이 나와서 당황했을지도 모른다. 그래서 오른쪽 페이지에 칼럼을 마련했다. Potential의 Po-가 중력의 힘(power)의 Po-와 똑같은 스펠링이라는 점에서 알 수 있듯이 이 두 단어의 어원은 똑같다.

이야기를 되돌려서 오른쪽 그림 ①에서 상공에 있는 등퍼텐셜 면은 지면에 가까운 면보다 퍼텐셜이 높다 또는 크다고 말한다. 혹은 A는 B보다 큰 퍼텐셜을 갖는 점이라고도 한다.

중력은 등퍼텐셜 면에 수직으로 퍼텐셜이 높은 면에서 낮은 면으로 향한다. 바람이 부는 모습과 비슷하다. 기압의 분포로 바람이 부는 모습을 알 수 있듯이 물체 주위의 중력장의 모습은 주위의 중력 퍼텐셜 면의 분포 상태로 나타낼 수 있다.

그림 ②는 지구와 달 주변 등퍼텐셜 면의 분포 상태를 둥근 면으로 나타낸 것이다. 퍼텐셜의 크기는 지구나 달에서 멀어질수록 커진다.

이제 앞 항목의 그림 ②(97쪽)와 이번 항목의 그림 ①을 비교해 보자. 앞 항목의 결론은 중력 퍼텐셜이 높은 곳에서는 중력 퍼텐셜이 낮은 곳에서보다 빛의 속도가 빠르다고 바꿔 말할 수 있다.

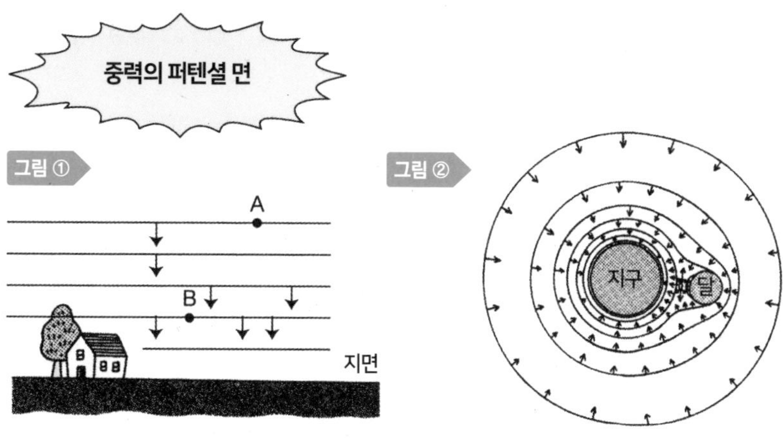

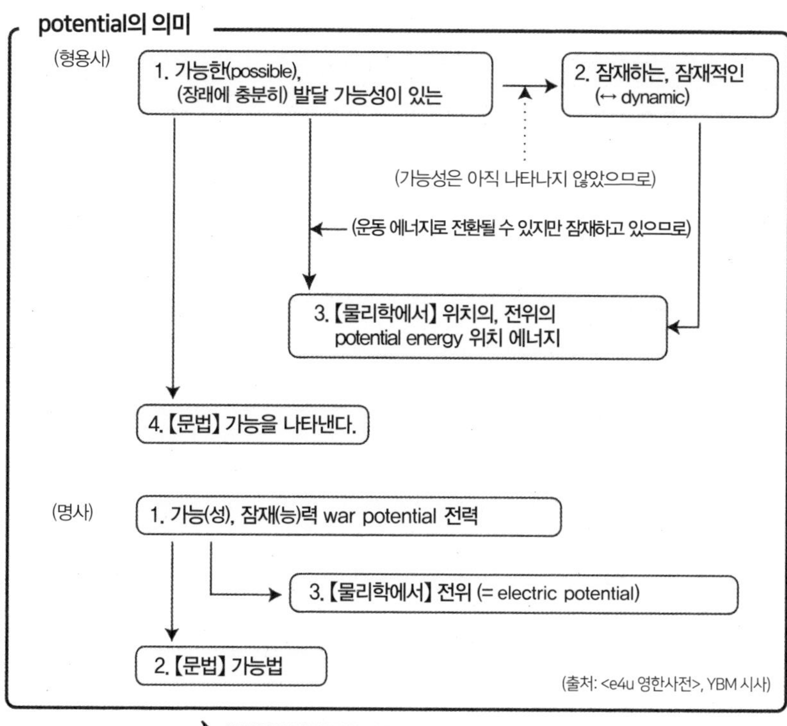

(라틴어로) = be able: possible, power

44 중력장에서는 시공간이 뒤틀린다

유클리드 공간의 어긋남과 블랙홀

빛이 진공 속에서 한 점 P에서 다른 점 Q로 향할 때 빛이 통과하는 길은 PQ를 잇는 최단 코스다.

중력장이 존재하지 않을 때 최단 코스는 직선이 된다. 최단 코스가 직선이 되는 공간은 유클리드 공간이다. 그에 비해 중력장 안에서는 빛이 나아가는 최단 코스는 97쪽의 그림 ②에서 본 것처럼 곡선이 된다. 그렇다면 중력장이 존재하는 공간은 유클리드 공간과는 다른 성격을 가진 뒤틀린 공간이라고 할 수 있다.

뒤틀린 공간을 상상해 보자. 세면대 위에 얇은 고무 재질의 천을 깔고 중앙에 쇠구슬을 올린다. 그러면 쇠구슬이 조금 아래로 가라앉아 천이 뒤틀린다. 이것이 바로 뒤틀린 공간의 모델이다.

옛날에 본 디즈니 영화 중에서 〈블랙홀〉이라는 영화가 있었는데, 그중에 이런 한 장면이 생각난다. 쇠구슬이 무거워 서서히 가라앉다 마침내 천이 뚫려 바닥이 없는 세면대의 바닥으로 떨어지고 천이 원래의 수평면으로 돌아가지 않는, 말하자면 오른쪽 그림 ②와 같은 상태가 블랙홀이다.

쇠구슬이 떨어지지 않고 그림 ①과 같이 뒤틀린 채로 고무천 위의 점 P에서 Q까지 초소형 로봇에게 최단거리를 나아가게 한다. 그러면 그 선은 직선이 안 되고 곡선이 된다(어디까지나 이 뒤틀린 고무천 위라는 공간 속에서 생각하기 바란다).

마찬가지로 쇠구슬과 같은 태양이 존재하는 중력장에서는 공간이 뒤틀리고 광선은 직진할 수 없게 된다.

물리학에서 생각하는 중력의 퍼텐셜(98쪽 참조)은 기하학으로 말하자면 공간의 뒤틀림 또는 유클리드 공간에서 어긋남을 나타내는 정도이다.

그림 ① 초소형 로봇은 직진하지 못한다
P
Q
그림 ② 블랙홀
그림 ③ 쇠구슬을 올리기 전
Q
P
초소형 로봇은 직진한다.
수평으로 쳐진 고무천은
유클리드 공간
이 뒤틀림을 다루는
기하학은?
뒤틀린 고무천은 유클리드
공간이 아니라 뒤틀려 있다.

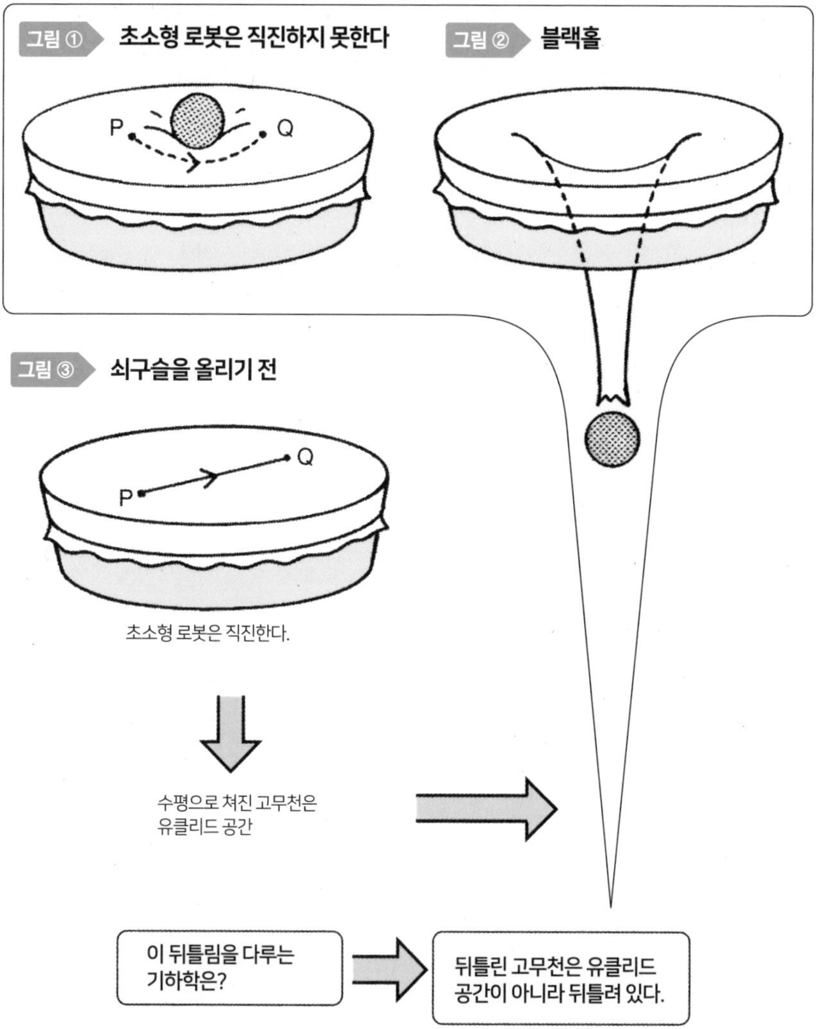

45 시공간의 뒤틀림을 파악하는 일반 상대성 이론

일반 상대성 이론은 비유클리드 중에서도 리만 기하학을 활용한다

아인슈타인은 중력장에 의해 뒤틀린 시공간을 파악할 기하학을 찾고 있었다. 본래 고대 그리스인에서 시작된 것으로 서양인에게는 과학을 기하학으로 파악하려는 전통이 있었다. 유클리드의 〈기하학 원론〉은 기하학을 순수 과학으로 체계화한 것이다. 뉴턴의 〈프린키피아〉의 구성도 유클리드 기하학을 따르고 있다. 아인슈타인의 특수 상대성 이론이 통용되는 공간도 2300년이나 이전에 연구된 유클리드 공간이다. 유클리드 공간에서는 오른쪽 그림 ②에 보이는 직선 AB의 바깥에 있는 점 P를 지나 이에 평행하는 직선은 한 줄밖에 그을 수 없다.

19세기가 되어서 드디어 유클리드가 아닌 비유클리드 기하학이 나타났다. 아인슈타인은 그중에서도 리만 기하학의 공간에 주목했다. 리만 공간에서는 평행한 직선은 한 줄도 없고 그림 ①에 보이는 것처럼 곡선이 양인 세계이다. 곡률은 공간이 휜 정도를 나타내는 양을 말한다. 좌표계도 곡선이 되어 이웃한 두 점 사이의 거리를 구하려고 해도 피타고라스의 정의를 그대로는 사용할 수 없다. 위치마다 휜 정도가 달라서 '텐서(tensor)' 개념을 사용한다. 말하자면 텐트를 쳤을 때 텐트 상태를 나타낸다. 일반 상대성 이론의 4차원 공간에서 곡선 좌표의 크기, 좌표축들의 각과 관련된 양을 기본 텐서라고 하는데 이는 10개의 값으로 되어 있다. 휜 정도가 바뀌는 기울기, 그 변화의 기울기를 나타내는 10(=1+2+3+4)개이다.

대우주 안에 산재하는 별들이나 성간물질을 갖고 있는 물질이나 빛이 갖고 있는 에너지가 각기 장소의 중력 분포 상태를 가정하고 각각에 시공간을

뒤틀리게 한다. 그 전체상을 계측할 수 있는 이론이 바로 일반 상대성 이론인 것이다.

그림 ①

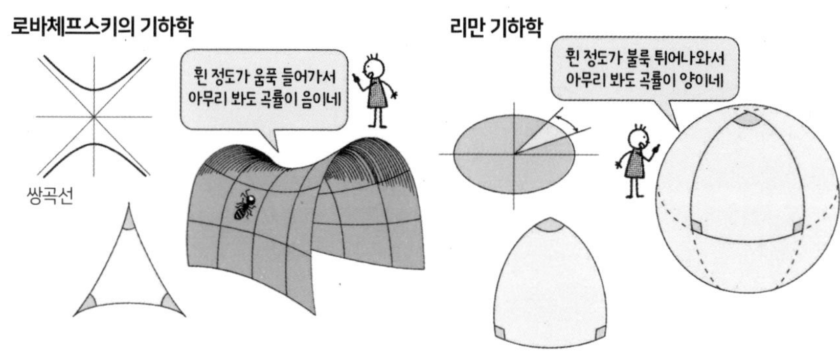

로바체프스키의 기하학
흰 정도가 움푹 들어가서
아무리 봐도 곡률이 음이네
쌍곡선
리만 기하학
흰 정도가 불룩 튀어나와서
아무리 봐도 곡률이 양이네

삼각형의 내각의 합이 180° 보다 작다.

삼각형의 내각의 합이 180° 보다 크다.

그림 ②

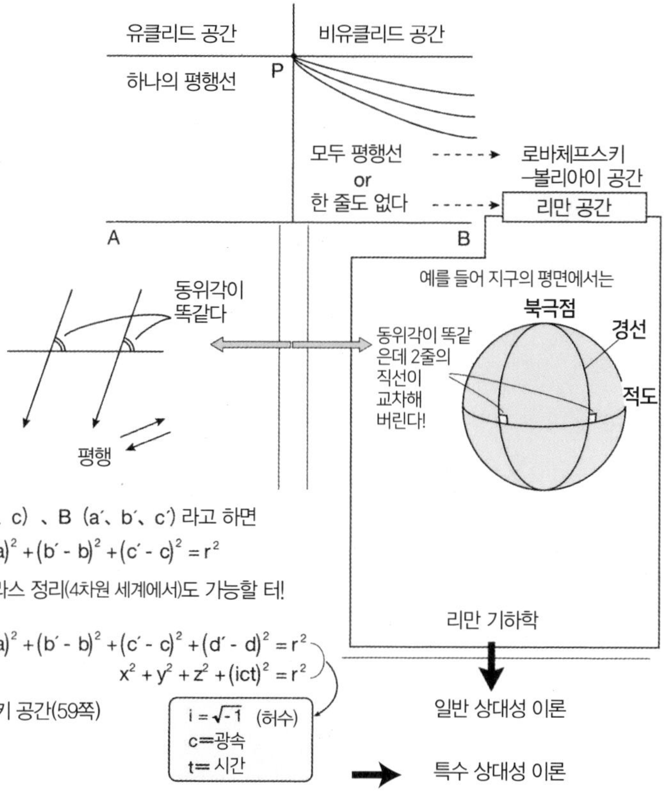

유클리드 공간 | 비유클리드 공간

하나의 평행선 P

모두 평행선 or 한 줄도 없다 → 로바체프스키-볼리아이 공간 / 리만 공간

A B

동위각이 똑같다

평행

예를 들어 지구의 평면에서는

북극점

경선

적도

동위각이 똑같은데 2줄의 직선이 교차해 버린다!

A (a、b、c) 、B (a′、b′、c′) 라고 하면

$$(a'-a)^2+(b'-b)^2+(c'-c)^2=r^2$$

피타고라스 정리(4차원 세계에서)도 가능할 터!

$$(a'-a)^2+(b'-b)^2+(c'-c)^2+(d'-d)^2=r^2$$

$$x^2+y^2+z^2+(ict)^2=r^2$$

민코프스키 공간(59쪽)

$i=\sqrt{-1}$ (허수)
c=광속
t=시간

리만 기하학 → 일반 상대성 이론

→ 특수 상대성 이론

아인슈타인의 생애 ❹

COLUMN

그리고 미국으로

일반 상대성 이론은 1912~3년부터 연구를 시작해서 아인슈타인이 베를린으로 옮겨갈 무렵 본격화되었다. 그때 독일은 아인슈타인이 독일을 버렸던 9년 전보다 더 군국화되어 있었다. 아인슈타인은 본래 그런 풍조를 좋아하지 않아 베를린 행을 망설였는데 아니나 다를까 곧 제1차 세계대전이 발발하였고, 아인슈타인은 1915년부터 약 16년 동안의 전쟁 중에 이론을 완성시켰다.

전쟁 중에 93명의 독일 지식인이 독일의 전쟁 발발을 옹호하는 성명서를 내자 아인슈타인은 그에 반대하여 국제협력을 옹호하는 성명서에 서명을 하여 대중의 반감을 샀다. 독일이 전쟁에서 패배하자 그 책임을 유태인에게 전가하는 목소리가 군부에서 나왔고, 이는 서서히 대중들에게 퍼져갔다.

한편 아인슈타인은 일식의 관측에서 일반 상대성 이론을 실제로 증명한 것이 매스미디어를 통해 전 세계에 보도되어 일약 슈퍼스타가 되었다. 영국, 이탈리아, 미국, 일본 등에 초대받았으며 소탈한 인품으로 더욱 인기를 얻었다. 극심한 인플레이션에 허덕이던 독일 대중은 그런 세계적인 인기를 시기하여 아인슈타인을 반유태인 감정의 표적으로 삼았다.

그는 훗날 자신의 태생과 실향민과 같은 반생에 대해 다음과 같이 말했다. '만일 상대성 이론이 가짜였다면 프랑스인은 나를 스위스 사람이라 하고, 스위스 사람은 독일 사람이라 하고, 독일 사람은 유태인이라고 했을 것이다'.

히틀러의 나치가 정권을 잡자 아인슈타인은 더 이상 참지 못하고 미국으로 탈출했다. 우수한 유태계 과학자들도 뒤를 이었다. 아인슈타인을 포용하지 못했던 독일과 포용했던 미국의 차이가 제2차 세계대전의 승패를 이미 예견하고 있었다.

제 5 장

우주론과 함께 매크로의 세계로

46 일식 관측으로 증명된 일반 상대성 이론

아인슈타인을 유명하게 만든 실험

일반 상대성 이론은 곡률이나 텐서와 같은 어려운 숫자를 사용하여 완성되었다. 그러나 이론을 확인하고 검증할 수 있는 현상이 좀처럼 발견되지 않았다. 아인슈타인도 이에 불만이 많아 스스로도 이런저런 생각을 많이 했다.

일반 상대성 이론을 실험적으로 확인하기 위해 태양의 중력을 이용한 유명한 실험이 3가지 있다. 그중에서 대표적인 태양 중력장에 의한 광선의 휨을 소개하겠다.

일식이 일어날 때 지구에서 보면 태양 뒤편에 있는 항성 A는 태양에 가려 상식적으로는 지상에 있는 사람 P에게는 보이지 않아야 한다. 하지만 일반 상대성 이론에 의하면 광선은 태양의 중력에 의해 휘어진다. 그래서 항성 A에서 나온 빛은 A→S→P와 같이 커브를 그리며 지구에 도달한다. 이 항성 A를 지상에 있는 사람 P가 보면 PS를 잇는 직선의 연장선상의 A′ 위치에 있는 것처럼 보인다.

아인슈타인의 이론을 이용해 AS와 AS′ 사이의 각도를 계산하면 1.75각초가 된다. 각초란 1도의 60분의 1의 각도를 말한다. 일식 관측에서 확인하기 위해 1912년, 1914년, 1916년, 1918년에 시도를 했지만 비가 오거나 제1차 세계대전의 여파로 모두 실패했다. 그런 와중에 1919년 5월 29일 브라질과 서아프리카에서 관측되어 사진을 찍을 수 있었다. 런던에서 찍은 사진과 비교해 보니 아인슈타인의 예측대로였다는 것이 밝혀졌다. 이 발견은 당시 신문에서 대서특필되어 아인슈타인의 이름을 온 세상에 널리 알리게 되었다.

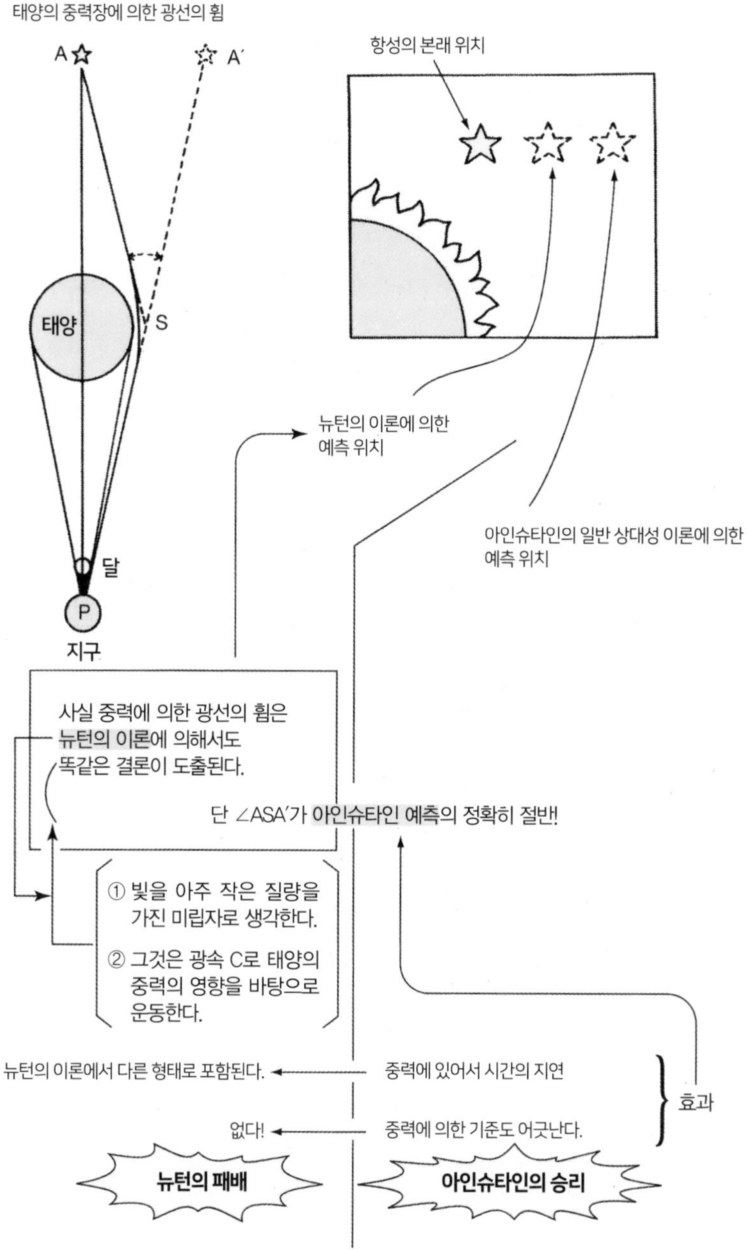

태양의 중력장에 의한 광선의 휨

A
A′
태양
S
달
P
지구

항성의 본래 위치

뉴턴의 이론에 의한
예측 위치

아인슈타인의 일반 상대성 이론에 의한
예측 위치

사실 중력에 의한 광선의 휨은
뉴턴의 이론에 의해서도
똑같은 결론이 도출된다.

단 ∠ASA′가 아인슈타인 예측의 정확히 절반!

① 빛을 아주 작은 질량을
가진 미립자로 생각한다.

② 그것은 광속 C로 태양의
중력의 영향을 바탕으로
운동한다.

뉴턴의 이론에서 다른 형태로 포함된다. ← 중력에 있어서 시간의 지연

없다! ← 중력에 의한 기준도 어긋난다.

효과

뉴턴의 패배

아인슈타인의 승리

47 '태양광의 적색편이' 실험

중력에 의해 빛은 변화한다

일반 상대성 이론을 확인하기 위해 아인슈타인이 제안한 3가지 방법 중 맨 처음으로 검증된 것은 수성의 근일점 이동의 관측이다. 태양 주위를 공전하는 타원형 궤도에서 태양과 가장 가까운 근일점이 조금씩 어긋나간다. 그 어긋남은 뉴턴 역학으로 대부분 계산할 수 있지만 아주 근소한 차이가 발생한다.

이를 관측하면 일반 상대성 이론으로 설명할 수 있다는 것이다. 혹성의 관측 데이터는 몇 천 년에 걸쳐 축적된 것이다. 태양에 가장 가까운 수성에서 관측을 하면 아주 사소한 차이가 나타날 것이라고 생각했는데 바로 그대로였다.

마지막으로 검증된 것은 중력에 의한 빛 에너지의 변화라는 효과다. 이것은 중력이 강한 곳에서 약한 곳으로 오는 빛은 에너지가 줄어서 나온다는 것이다. 예를 들어 파란색이었던 빛이 빨간색으로 이동한다. 그래서 이 효과를 '적색편이(赤色偏移)'라고 부른다.

이 실험은 상당히 어려워 아인슈타인의 제안과는 다른 형태로 검증되었다. 1976년에 미국의 스미소니언 천체물리 관측소가 로켓을 1500km 상공까지 쏘아 올려 실험을 했다. 지상에 놓아 둔 방사선 인듐에서 방사되는 감마선을 로켓에 실은 똑같은 인듐을 사용한 감마선 검출기로 흡수하여 검출하는 실험이다(그림 ①). 인듐이 정지해 있으면 파장이 어긋나므로 흡수가 되지 않는다. 오른쪽 그림 ②에서 왼쪽의 경우가 그것이다. 로켓이 상승이나 하강 운동을 계속하고 있는 동안은 ※도플러 효과로 파장이 길어지고 딱 좋

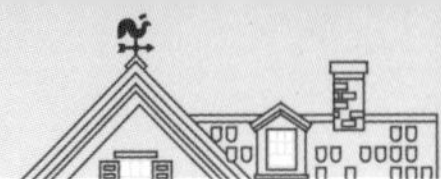

은 속도일 때에 한해 흡수가 된다. 이때 로켓의 속도와 대조하여 파장의 어긋남을 정하고 빨간색 쪽으로 편이하는 효과를 실제로 증명한 것이다.

그림 ①

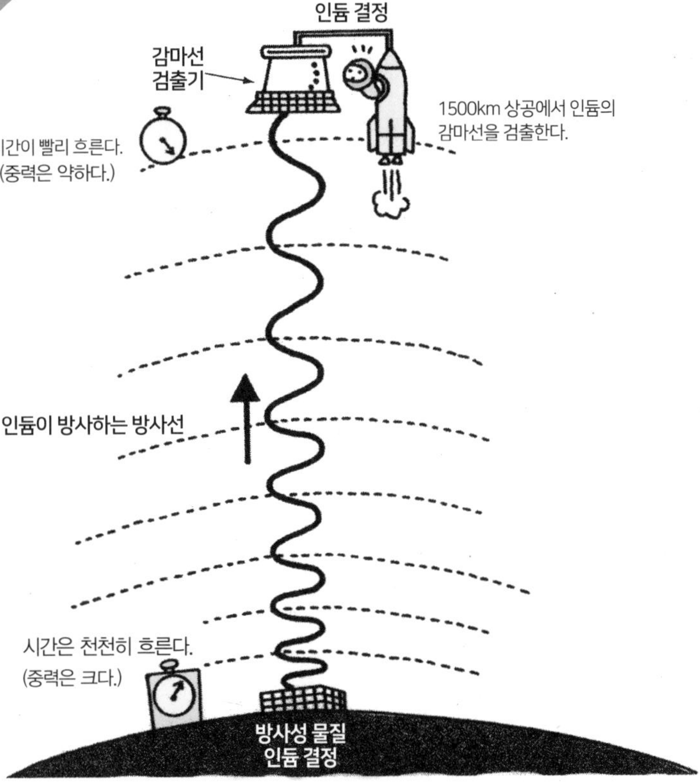

인듐 결정
감마선 검출기
1500km 상공에서 인듐의 감마선을 검출한다.
시간이 빨리 흐른다. (중력은 약하다.)
인듐이 방사하는 방사선
시간은 천천히 흐른다. (중력은 크다.)
방사성 물질 인듐 결정

그림 ② **도플러 효과로 인한 파장의 증가** (그림 ①의 감마선 검출기 부분을 확대)

정지
검출기
운동
멀어진다
검출기
파장 증가

※**도플러 효과** 파원과 관측자가 가까워지면 진동수가 증가하고, 멀어지면 감소하는 현상

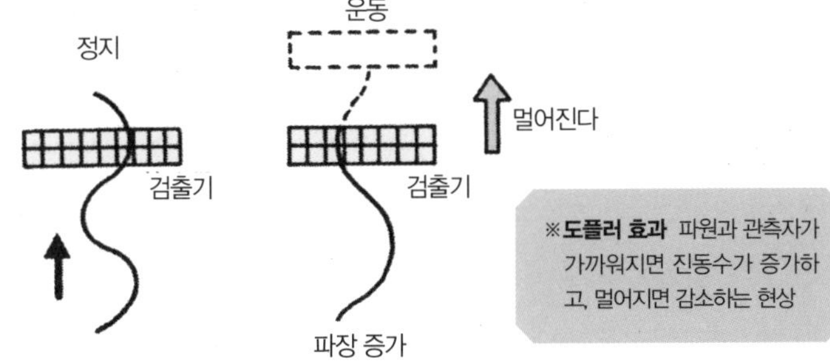

48 빛과 우주의 비밀을 밝힌다!!

"특수는 빛", "일반"은 중력 세계에서 살아간다

눈에 보이는 일상 세계에서 가장 빠른 것은 사실 지구다. 초속 30km로 태양의 주위를 돌고 있다. 그래도 빛의 속도에 비하면 1만분의 1정도다. 하지만 원자나 소립자와 같은 '마이크로 세계'로 가면 광속에 가장 가까운 속도로 움직이는 것들이 많다. 예를 들어 전기를 나르는 전자, TV의 브라운관이나 X선, 방사선을 발생시키는 장치 안에서는 광속과 가까운 속도로 움직이고 있다. 이러한 마이크로 세계에서 일어나는 일들에서는 특수 상대성 이론의 효과가 명확하게 나타난다. 특수 상대성 이론은 전자기와 같은 물리학의 구석구석까지 영향을 주고 있다.

그에 비해 일반 상대성 이론의 효과는 우리 주변에서는 매우 보기 드물다. 일반 상대성 이론이 등장하는 것은 중력과 관계하는 현상에 한해서다. 그래서 우리 주변에서 자주 볼 수 있는 물체가 떨어지는 현상이 그렇다고 생각할 수 있다. 하지만 여기까지 읽어온 이 책의 독자라면 그렇게 생각하는 사람은 아마 없을 것이다. 사과가 떨어지는 에피소드에서 알 수 있듯이 그것은 뉴턴 역학으로도 충분하기 때문이다.

지구나 태양과 같이 매우 약한 중력 아래에서는 지금까지 설명해 왔듯이 정밀한 실험을 통해 비로소 일반 상대성 이론의 중력 효과를 검출할 수 있다. 우리는 인공적으로 강한 중력을 만들 수가 없으므로 우리에게 주어진 자연 환경에서 중력 실험을 할 수밖에 없다.

하지만 중력 실험에는 또 한 가지 다른 방법이 있다. 중성자별, 블랙홀, 팽창 우주 등과 같이 중력이 매우 강한 곳에서 일어나는 현상을 살펴보는 일이다. 이제 대우주로 여행을 떠나 보자.

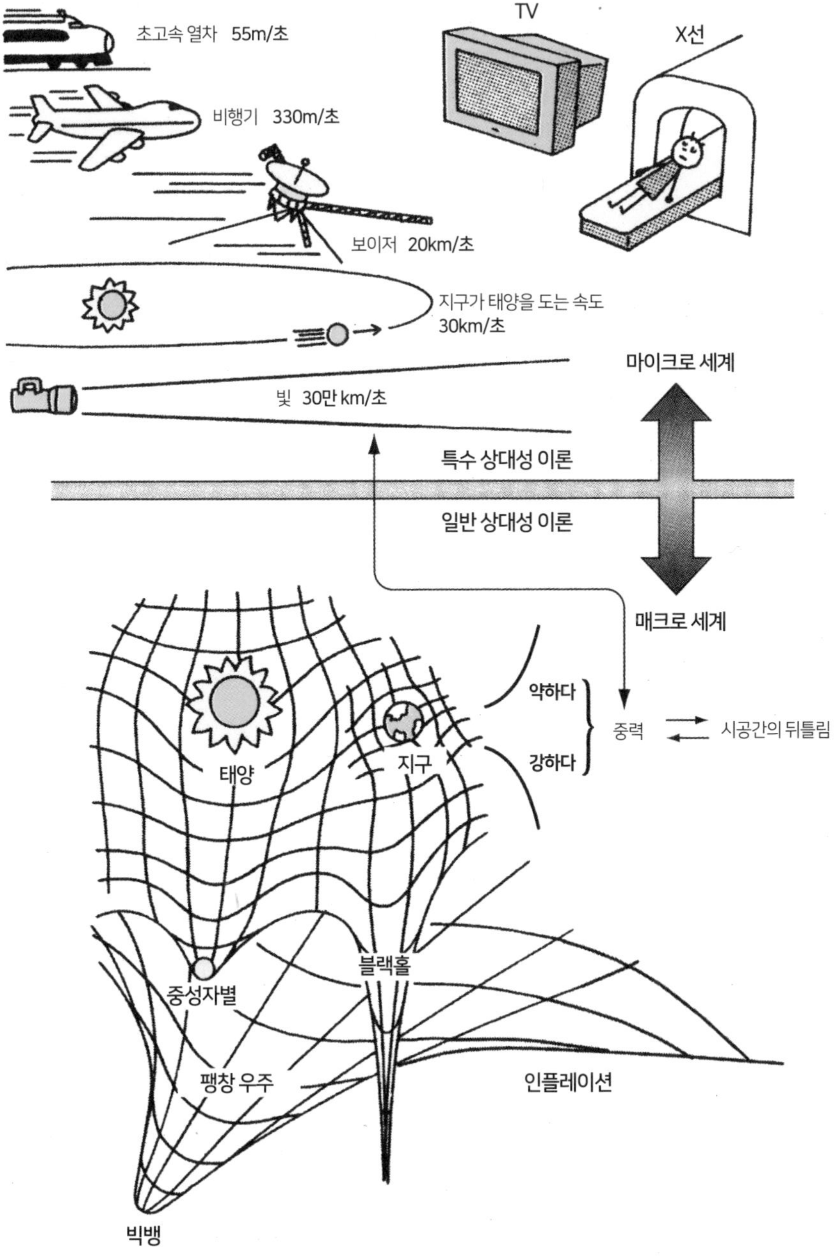

초고속 열차 55m/초

비행기 330m/초

보이저 20km/초

TV

X선

지구가 태양을 도는 속도
30km/초

빛 30만 km/초

마이크로 세계

특수 상대성 이론

일반 상대성 이론

매크로 세계

약하다
강하다

중력 ⇄ 시공간의 뒤틀림

태양

지구

중성자별

블랙홀

팽창 우주

인플레이션

빅뱅

49 다른 별의 '초록 난쟁이'가 보내는 신호

중성자별의 발견과 시공간의 뒤틀림

1967년에 영국의 케임브리지 대학의 휴이시 교수와 대학원생 벨 등은 여우자리 방향으로부터 약 1.3초마다 나오는 펄스 상태의 전파를 발견했다. 이 펄스는 놀랍게도 정밀도가 1억분의 1이라는 지상의 원자시계 수준으로 정확했다. 이 정도로 정확한 신호를 보내오는 것은 다른 별의 지적인 생명체임에 틀림없다! 발견자들은 이를 '초록 난쟁이'라고 이름을 붙이고 매스컴에 알리지 않고 관측을 계속했다.

그 후 유감스럽게도 다른 별의 생명체가 아니라 예전부터 존재하지 않을까 하고 생각되었던 중성자별로부터 나온 것이라고 밝혀져 '펄서'라고 이름이 붙여졌다. 펄서는 마치 등대의 서치라이트처럼 별이 통째로 자전하면서 번쩍번쩍하고 빔 형태의 전파나 빛, X선 등을 정확하게 내보내고 있었던 것이다.

1974년에는 펄서와 또 하나의 중성자별이 서로 공전하고 있는 이중별이 발견되었다. 이 이중별의 공전 주기는 8시간이라는 짧은 시간이다. 지구의 공전주기 1년과 비교해 보면 얼마나 빠른지 알 수 있다. 그리고 공전 궤도의 반지름은 태양의 반지름과 똑같은 정도다. 지구가 태양의 반경을 몇 백배 빠른 속도로 돌고 있다고 상상해 보면 얼마나 강한 중력하에서 서로 공전하고 있는지를 알 수 있을 것이다.

이 중성자별과 관계하여 3개의 일반 상대성 이론의 효과가 확인되었다. 하나는 수성의 근일점 이동과 똑같은 효과로, 중성자별은 1년 동안 4번 바뀐다는 것이다. 또 다른 하나는 펄서의 신호가 또 다른 쪽 중성자별의 옆을 통과할 때는 시간이 더 걸리는 '시간의 지연 효과'이다. 그리고 '시공간의 뒤틀림 파동'인 '중력파'(다음 항목)를 방출하여 공전 주기가 1년 동안 만분의 1초 빨라지고 있다는 것이다.

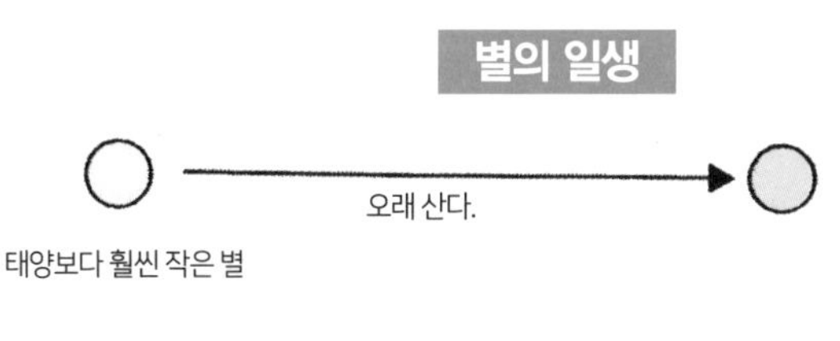

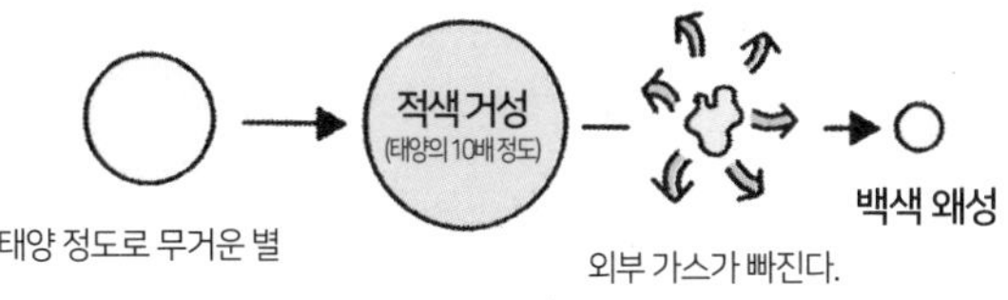

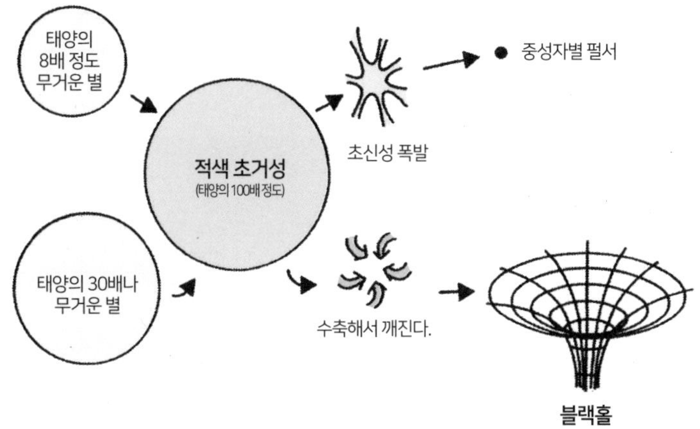

용어 해설

- **중성자별** 질량이 태양의 6~8배 이상인 별은 죽을 때 초신성 폭발을 일으켜 붕괴되고, 폭발로 인해 밀도가 높아지면 전자가 양성자에게 흡수되어 내부의 대부분이 중성자로 된 중성자별이 된다.
  크기는 반지름이 겨우 10km 정도이며, 밀도는 $1cm^3$당 일본 후지산의 무게에 달하는 10억 톤이다. 중성자별이 상당히 빠른 속도로 자전하고 있는 것이 펄서다. 빠른 것은 100분의 1초의 속도로 자전하고 있다.

50 시공을 날아다니는 나비 — 중력파

물질은 존재하지 않아도 중력은 나타난다

아인슈타인은 1916년에 〈일반 상대성 이론〉을 완성시키고, 그것을 바탕으로 중력파의 존재를 예언했다. 발표된 당시는 검증을 위해 필요한 기술이 존재하지 않았다.

이 중력파야말로 일반 상대성 이론을 뉴턴 이론과 결정적으로 결별시킨 개념이다. 뉴턴 이론에서는 물질이 중력의 근원이므로 물질이 존재하지 않으면 중력도 나타나지 않는다고 하는 데 반해 일반 상대성 이론에서는 물질이 존재하지 않아도 시공간은 뒤틀릴 수가 있으며, 그 시공간의 뒤틀림은 진동으로서 광속으로 전달될 수 있다고 한다. 그것이 중력파다.

그런데 맥스웰 이전에는 전하가 없는 곳에는 전자기장이 존재하지 않는

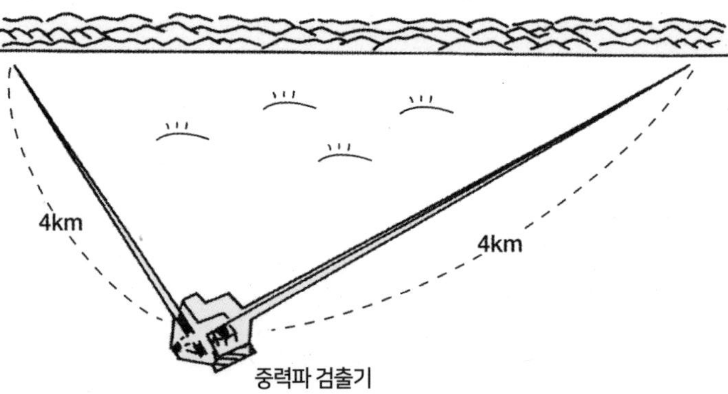

미국에서 LIGO(레이저 간섭계 중력파 관측소) 계획이라는 이름으로 거대 중력파 검출기(팔의 길이가 4km인 레이저 간섭계)를 건설하여 2002년에 우주 중력파의 탐사가 시작되었다. 하지만 2010년까지 LIGO를 운용해도 중력파를 검출하지 못했다. 그래서 시설을 정지시키고 개선을 했다. 2016년 초 드디어 LIGO는 중력파를 잡았다. 그 후로도 세 번에 걸쳐 블랙홀의 합체에 의해 생겨나는 중력파를 확인했다. 연구팀을 이끌어 왔던 과학자들은 2017년에 노벨 물리학상을 수상했다.

다고 여겨졌다. 맥스웰은 전자기장을 전하의 속박으로부터 해방시켜 전자파로서 시공간에 전달되는 것을 발견했다. 파인만은 그것을 '번데기가 나비가 되었다'고 표현했다. 중력파도 아인슈타인에 의해 물질의 속박에서부터 해방되어 번데기가 나비가 된 것이다.

중력파는 물체가 가속도 운동을 할 때 항상 방출된다. 전기를 가진 것(전하)이 가속도 운동을 하면 전자파가 나오는 것과 똑같은 이치다. 하지만 중력파가 나르는 에너지는 아주 적다(아래 그림). 그래서 천체와 같은 방대한 물질이 격한 운동을 한 경우에만 중력파의 방출이 문제가 된다. 별이 중력붕괴하여 블랙홀이나 중성자별이 되는 경우다. 2개의 중성자별이 합체될 때 금이나 플래티넘과 같은 귀금속이 대량으로 방출되는 모습이 밝혀졌다. 앞으로 중력파 천문학이 발전하면 우주가 어디까지 팽창할지 아니면 어딘가에서 작아져 사라질지 모른다. 중력파가 다른 차원에 스며들어 나올지와 같은 이야기도 세상을 떠들썩하게 할 것이다. 더욱이 우주의 시작부터 중력파, '원자 중력파'를 검증하는 데 온 세상의 중력파 연구자가 도전하고 있다.

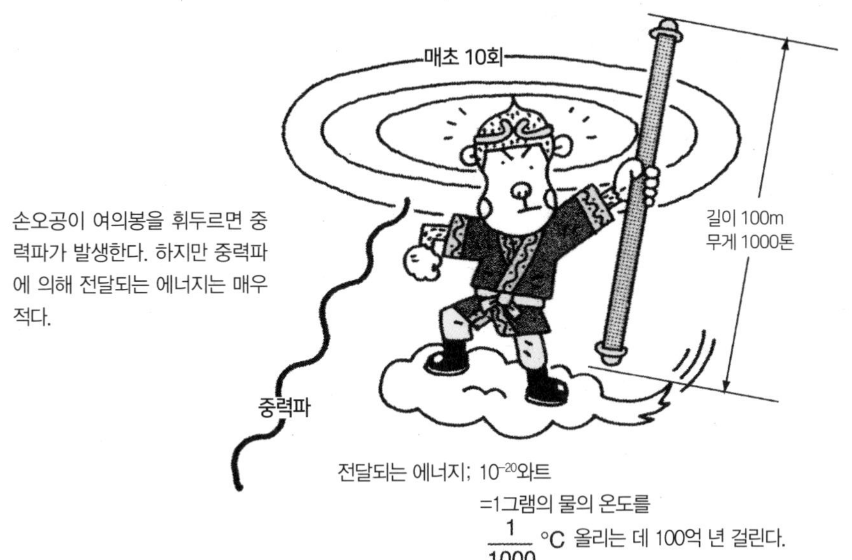

손오공이 여의봉을 휘두르면 중력파가 발생한다. 하지만 중력파에 의해 전달되는 에너지는 매우 적다.

E=mc²

51 블랙홀과 상대성 이론

블랙홀의 크기는 방정식으로 알 수 있다

'블랙홀'이라는 말의 기원은 1969년 미국의 과학자인 존 휠러에서 유래한다.

하지만 그 개념은 오래 전부터 있었으며, 1738년 영국 케임브리지 대학의 학감이었던 존 마이클이 쓴 한편의 논문이 그 시작이었다. 빛이 입자로 유한한 속도로 전달된다면 별이 충분한 크기를 가지고 물질이 딱딱하게 굳어져 있을 때 빛이 탈출할 수 없을 정도로 강한 중력장을 가질 것이라고 했다.

시대가 흘러 아인슈타인이 〈일반 상대성 이론〉을 완성시킨 다음 해 독일의 천문학자인 슈바르츠실트는 병 때문에 제1차 대전에서 소집 해제되었다. 슈바르츠실트는 다음 해 5월에 병사했지만 죽기 직전에 아인슈타인의 중력

슈바르츠실트 반지름

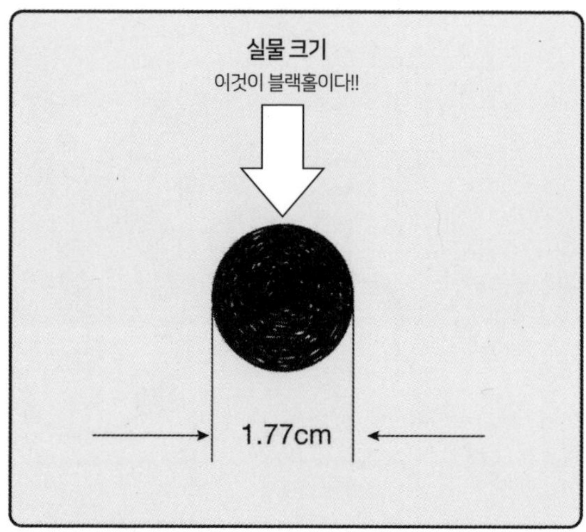

장 방정식을 풀고 슈바르츠실트 반지름 공식(아래 그림과 필자의 졸서 〈세상을 바꾼 과학 대이론 100〉을 참조)을 세웠다. 블랙홀의 크기를 알 수 있는 식이다. 아인슈타인은 스스로 제안한 방정식이 정확히 풀리리라고는 생각하지 못했기 때문에 슈바르츠실트의 발견에 매우 놀라워했다.

1928년에 인도의 대학원생이던 수브라마니안 찬드라세카르는 케임브리지 대학에서 일반 상대성 이론의 전문가인 아서 에딩턴에게 배우기 위해 배에 올랐다. 그는 배 위에서 태양의 1.5배 이상의 질량을 가진 차가운 별은 스스로 중력에 버티지 못하고 찌그러져 밀도가 무한대인 한 점으로까지 붕괴되어 버린다고 계산했다. 이 질량을 찬드라세카르 한계라고 한다. 에딩턴은 이를 믿지 않았고 아인슈타인도 일부러 논문을 써서 부정했다. 하지만 블랙홀은 실존하는 것이 아닐까라는 의문은 남았다. 블랙홀 연구사에 대해서는 《시간의 역사(A Brief History of Time)》를 참조하기 바란다.

● **지구의 질량** $M \fallingdotseq 5.974 \times 10^{27} g$
● **중력 상수** $G \fallingdotseq 6.67 \times 10^{-8} dyn/cm$
● **빛의 속도** $C \fallingdotseq 3 \times 10^{10} cm/s$

이상을 슈바르츠실트 반지름의 공식

$$r = \frac{2MG}{C^2}$$ 에 대입하면

물체의 질량 = M
중력 상수 = G
빛의 속도 = C

지구가 블랙홀이 될 때의 반지름 r은

$$\frac{2 \times 5.974 \times 6.67 \times 10^{19}}{9 \times 10^{20}} \fallingdotseq 0.885$$

반지름이 0.89cm가 될 때까지 지구를 압축시킬 수 있으면 지구는 블랙홀이 된다.
(이시하라 후지오, 가네코 다카이치 〈과학 바보를 위한 상대성 이론 세미나〉 일본실업출판사, 84년 간행)

52 우주는 수축한다!?

우주상수가 이끄는 우주 탄생의 열쇠

일반 상대성 이론이 성립하기 이전에는 시간이나 공간은 단지 물질의 용기이고 태초부터(신에 의해?) 주어진 것이며 물리학의 대상이 아니라 형이상학이나 철학이 고찰하고 논의하는 분야였다.

일반 상대성 이론이 성립된 이후에야 비로소 우리가 사는 전 우주의 시공간의 구조나 진화를 논할 수 있게 되었다. 아인슈타인 자신은 이론 완성 직후에 이것을 인식하고 우주론에 대한 연구를 시작했다.

아인슈타인은 당시 많은 사람들과 똑같이 우주는 영원불변하다고 믿고 있었다. '자연은 단순하고 아름답다'라는 신념에 딱 맞는 것이었다. 그래서 일반 상대성 이론에서 중력에 의해 신축되어 버리는 우주를 지지하기 위해 텅 빈 공간들이 서로 반발하는 작용('우주상수')을 중력장의 방정식에 덧붙였다. 이렇게 아인슈타인은 1917년에 우주상수에 의해 중력과 '우주척력'을 균형지게 하여 수축도 팽창도 하지 않는다는 오늘날 아인슈타인의 정지우주 모델이라 부르는 것을 만들었다. 이때 아인슈타인은 우주 모델의 창조자로서 스스로 신의 위치에 한없이 접근했다.

하지만 1922년에 소련의 물리수학자 A. A. 프리드만이 아인슈타인의 중력장 방정식을 있는 그대로 풀어 우주가 팽창하거나 수축한다는 것을 제시했지만 아인슈타인은 믿지 않았다. 마찬가지로 우주의 팽창을 예언한 벨기에의 신부 G. 르메르트에 대해서도 '당신은 물리적 센스가 없다'고 비난했다.

1929년에 미국의 E. P. 허블이 우주의 팽창을 구체적인 증거를 가지고 제

시하자 우주상수를 취소하고 '우주상수의 도입은 인생 최대의 실수였다'라고 솔직하게 인정하고 부끄러워했다.

그러나 시대는 바뀐다. 지금 우주상수는 우주 탄생론, 인플레이션 이론에서 가장 기본적인 요소로 여겨지고 있다. 더욱이 오래된 별의 나이에 비해 우주의 나이를 충분히 길게 만들려면 현재의 우주에 우주상수가 남아 있는 편이 좋다.

게다가 우주상수(우주항이라고도 함)야말로 우주 탄생의 열쇠를 쥐고 있다는 것이 일본의 우주물리학자인 사토 카쓰히코 도쿄대 명예교수에 의해 밝혀졌다. 참고로 인플레이션이 일어난 우주가 탄생하여 38만 년 동안 너무 고온고밀도여서 빛을 볼 수가 없었던 것이다.

하지만 중력파에는 모든 것을 통과하는 성질이 있기 때문에 원시 중력파는 지금도 우주를 떠돌고 있다고 여겨진다. 원시 중력파가 검출되면 인플레이션 이론은 최종적으로 검증되어 사토 교수는 틀림없이 노벨상을 수상할 것이다.

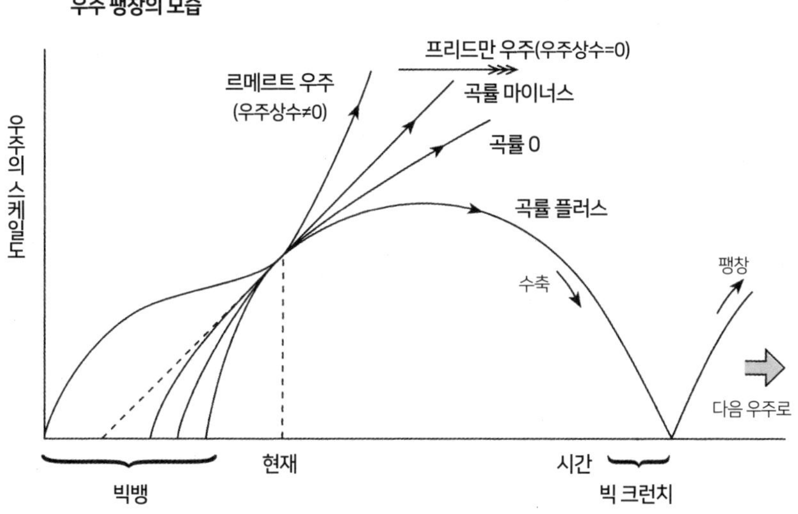

53 빅뱅 이전에 우주는 없었다

상대성 이론이 밝혀내는 "천지창조"

프리드먼이나 르메르트는 앞에서 설명했듯이 아인슈타인의 방정식을 풀어 우주의 팽창을 발견했지만 그들은 우주는 처음부터 차가웠다고 했다. 이에 비해 가모프는 1946년 당시 우주의 원소 분포로 봤을 때 우주는 불덩어리에서 시작했을 것이라고 했다. 1965년 '※3도K 우주배경복사'가 발견되어 우주가 불덩어리였다는 증거가 제출되었다.

빅뱅 이론은 아인슈타인의 일반 상대성 이론과 그것을 바탕으로 한 허블의 팽창 우주, 3도K 우주배경복사라는 2개의 관측 사실을 기초로 하고 있다. 이것을 우주의 역사를 그리는 '표준 이론'이라고 한다. 하지만 빅뱅 이론에는 엄청난 시련이 기다리고 있었다. 우주의 팽창을 단순히 거슬러 올라가면 곡률과 온도, 그리고 밀도가 모두 무한대의 한 점에서 시작되었다는 것이 된다. 일반의 평범한 사람은 그래도 상관없다고 생각하겠지만 물리학자는 그래서는 곤란하다고 생각한다. 그래서 생각해 낸 것이 진동우주 모델이다. 우주는 수축하지만 곡률, 온도, 밀도가 무한대까지 가지 않고 어느 시점에서 밀도와 온도 및 압력이 높아지면 그 결과 힘차게 튀어 올라 지금은 팽창하고 있지만, 이것이 언젠가는 수축으로 바뀔 것이라고 한다.

그런데 1965년부터 70년에 걸쳐 스티븐 호킹과 펜로즈가 팽창 우주는 반드시 특이점에서 시작해야 한다는 것을 일반 상대성 이론을 사용하여 증명해 버렸다. 그래서 진동우주는 완전히 틀린 것으로 판명났다. 일반 상대성 이론을 바탕으로 하는 우주관에 의하면 빅뱅 이전에 수축하는 우주는 존재하지 않는다. 진동우주 모델은 재미있었는데 참으로 유감스럽다.

우주의 표준 이론

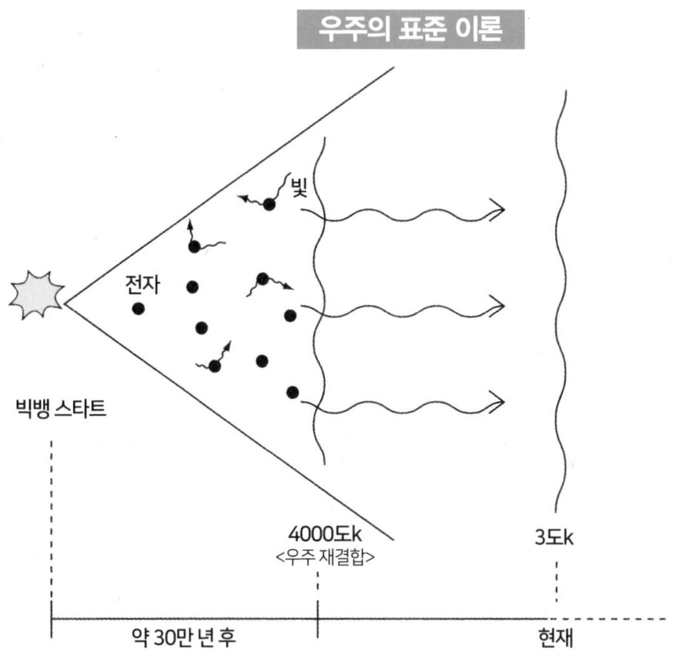

빅뱅 직후의 우주는 초고온이기 때문에 원자핵 상태일 뿐만 아니라 전자가 넘쳐나 불투명했다. 그로부터 약 30만 년 후 전자는 원자 안으로 들어가 빛이 직진할 수 있게 되었다.
이 상태를 우주 재결합(맑게 갬)이라고 한다. 왜냐하면 마치 안개가 걷히고 맑은 하늘이 드러나 빛이 직진할 수 있게 된 것과 비슷하기 때문에…….

프리드만의 우주 모델

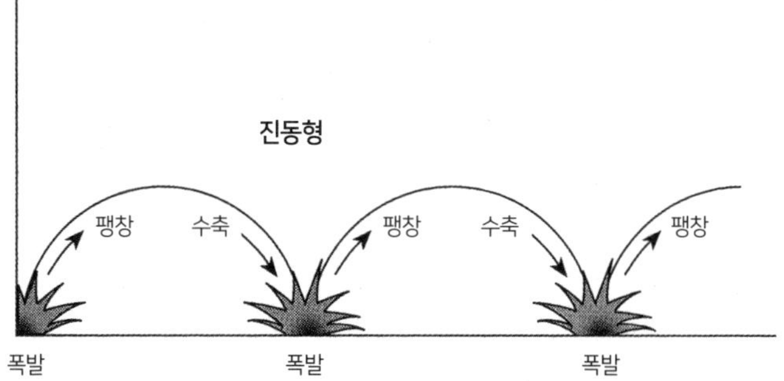

※맑게 갠 직후의 우주로부터 전달된 일정한 전파의 방출을 말한다. 지구에서 하늘 전체의 어떤 방향을 재도 3도k로 되어 있기 때문에 이렇게 부른다. K는 절대 온도. 절대 온도 0은 마이너스 273도C에 해당한다.

54 우주의 인플레이션이 뭐지?

우주의 시작에는 진공 에너지가?

'우주는 반드시 어느 한 점에서 시작된다'라는 특이점 정리가 증명된 탓에 1970년대에 빅뱅 이론은 큰 시련에 부딪히게 되었는데 이를 해결한 것이 '인플레이션 이론'이다. 마침 그때 급속히 발전한 힘의 통일 이론에 입각하여 진공 에너지라는 것이 우주의 처음에 가득 차 있었다고 사토 가쓰히코 명예교수는 말한다. 그 진공 에너지를 아인슈타인 방정식에 대입하면 진공 에너지에 만유인력 상수를 곱한 것이 나타나는데, 그것이 바로 우주상수였다.

우주상수는 118쪽에서 설명했듯이 아인슈타인이 우주의 수축을 멈추게 하기 위해 세운 버팀목 같은 것이다. 텅 빈 공간끼리 서로 반발하는 힘을 말하는 것으로, 지극히 작은 숫자지만 진공 에너지가 그에 대응하므로 식에 대입해 보면 버팀목은커녕 우주가 매우 강한 기세로 팽창한다. 10^{-34}초 동안 우주는 약 10^{43}배 크기로 팽창된다고 하니 정말 인플레이션이라 할 수 있다.

우주가 극단적으로 커지므로 그때까지 해결이 곤란하다고 여겨진 문제 중 하나인 평탄성 문제가 순식간에 풀렸다. 우리가 사는 영역이 거대한 우주의 극히 작은 일부라면 거기가 곡률이 0인 평평한 상태가 되어도 이상할 것이 없다.

'우리의 우주가 어떻게 이렇게 일정하게 보이는가?'라는 지평선 문제도 처음에 존재했던 지평선이 인플레이션으로 확 확대되어 몇 백억 광년의 크기가 되었다고 한다면 이 문제는 해결된다. 은하단이나 초은하단, 그레이트 월(거대한 벽) 등 우주의 거대구조도 작은 영역 위에 작은 파도가 일어 그 파도가 길게 늘어났기 때문에 생겼다고 한다.

우주의 인플레이션이 해결한 3대 문제

평탄성 문제
닫힌 우주
체적: 유한
곡률: 플러스
열린 우주
체적: 무한
곡률: 마이너스
현재의 우주는 왜 곡률이 거의 0인 평평한 우주일까?
평평한 우주
체적: 무한
곡률: 0
지평선 문제
우주의 출발점
ct
광속
우주가 시작된 후부터의 시간
우주의 수명: 150억 광년(논의 중)
으로 하면
3배
(우주의) 지평선 크기: 450억 광년
우주의 팽창은 움직이는 보도를 타고 달려가는 것과 같으므로
우주의 거대구조 문제
그레이트 월
(만리장성)
초은하단
은하단
1989년 미국의 겔러와 허츠라가 발견
80억 광년이라는 길이의 '그레이트 월'이 4억 광년 간격으로 주기적으로 20개씩 나란히 나타나게 된다.

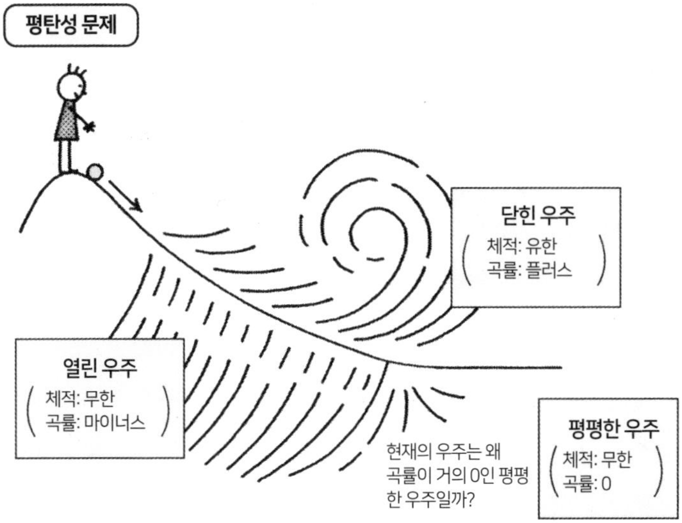

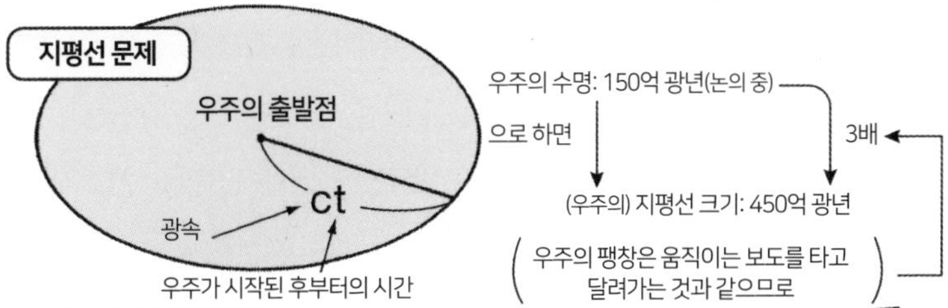

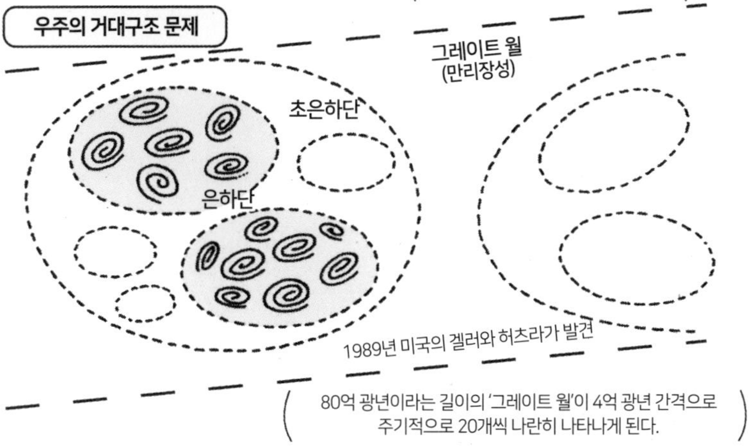

55 카 내비게이션도 상대성 이론으로 태어났다

우리는 모두 상대성 이론의 세계를 살아가고 있다!

여러분이 알고 있는 카 내비게이션은 'GPS 위성'(Global Positioning System)의 전파를 이용하여 차의 위치를 알아내는 기술이다. GPS는 미국이 원자시계를 탑재한 24기의 인공위성을 지상에서 약 2만 km 상공으로 쏘아 올린 것이다. 위성이 보내는 전파를 수신하여 전파 발사 시각과 수신 시각의 차를 이용하면 위성에서 수신기까지의 거리가 나온다. 수신기 측에는 원자시계만큼 정밀도가 좋지는 않지만 가격이 싼 수정시계가 탑재되어 있다. 4기의 위성을 사용하여 수신기의 시계가 갖고 있는 오차를 파악하여 4원 연립방정식을 카 내비게이션의 컴퓨터가 순식간에 풀어 차의 위치를 알아낸다. 만일 광속불변의 원리가 성립하지 않고 광속이 방향에 따라 변화한다면 위성과 수신기의 관계에 의해 측정되는 거리에는 20km 정도의 오차가 생긴다.

또 위성은 반나절에 지구를 일주하는 속도로 돈다. 여기에 운동하는 시계는 느려진다는 특수 상대론적인 효과가 나온다. 게다가 위성은 지상에서 2만 km 떨어져 있으므로 일반 상대론적인 효과로 지상의 시계와 비교하여 시간이 빨라진다. 이런 효과를 합하면 시계가 빨라지지만(62쪽 참조) 미국이 자랑하는 GPS 위성은 그 차가 보정되어 있다.

더욱이 국제원자시(TAI)의 취급은 100조분의 1 이하로 각 시계의 중력 퍼텐셜(98쪽 참조)에 의해 빨라지거나 느려져도 그 이하의 정밀도로 보정한다. 그리고 광속은 유한하므로 지구회전의 영향이 시계와의 비교에 적용되어 그 효과의 크기가 100나노초 이상에 달하게 되는데 그것도 보정하고 있다. 우

리는 모두 팍스 아메리카나(아메리카에 의한 평화) 하의 상대성 이론의 세계에 살고 있다.

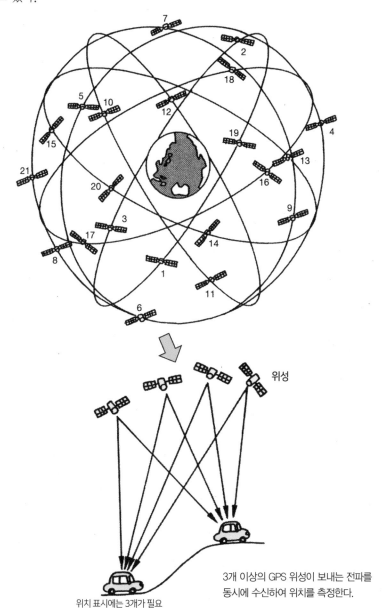

위성

위치 표시에는 3개가 필요

3개 이상의 GPS 위성이 보내는 전파를 동시에 수신하여 위치를 측정한다.

상대성 이론은 양자역학과 협력하면서 미시 세계의 시공간을 깊이 파헤치고 매크로한 우주를 탐색해 왔다. 하지만 아인슈타인 자신은 '신은 주사위 놀이를 하지 않는다'고 양자역학을 싫어했으며 특히 양자역학의 확률적인 예상을 죽을 때까지 반대했다.

특수 상대성 이론과 양자역학을 통합하려고 하면 '무한대'가 나와 버린다. '무한대'가 출현하면 계산 결과를 얻을 수 없다. 그러나 '무한대'를 유한한 실험값으로 바꾸면 모든 것이 잘 들어맞는데, 이를 재규격화 이론이라고 한다.

그런데 재규격화 이론은 일반 상대성 이론의 시공간에서는 통하지 않는다. 얼굴을 빼꼼 내민 '무한대' 두더쥐를 억지로 집어넣어도 두더쥐 잡기 게임처럼 다른 곳에서 갑자기 '무한대'가 나와 버린다.

특수 상대성 이론과 양자역학이 잘 들어맞는 이유는 광자나 전자와 같은 소립자가 평평한 시공간 위에 있기 때문에 '재규격화'로 미세 조정을 하면 모든 것이 해결되기 때문이다. 그에 반해 중력을 다루는 일반 상대성 이론에서는 시공간 자체가 뒤틀려 있다. 주름이 잡힌 침대보를 아무리 바로잡으려고 한쪽을 매만져도 다른 곳에 주름이 생기는 것처럼 시공간의 뒤틀림을 바로잡으려면 근본적인 해결 방법이 필요하다.

아인슈타인은 스스로 만들어 낸 상대성 이론을 확신한 나머지 양자역학을 의심했다. '자연계를 지배하는 법칙의 아름다움과 합리적인 통일성'을 드러내는 스피노자의 신을 믿었다. 이에 대항하는 양자역학을 대표하는 닐스 보어는 키르케고르의 "실존주의"에 강한 영향을 받았다(참고로 스피노자의

〈에티카〉도 유클리드 기하학의 구성을 따른다).

아인슈타인의 손을 떠나 혼자 걷기 시작한 상대성 이론은 양자역학과 함께 활약 무대를 전 세계로 넓혀 갔다. 그 무대 위에서 팍스 아메리카나의 배우들이 활약을 해 왔다.

팍스 아메리카나는 상대성 이론을 우주적인 존재 근거로 삼아 양자역학이 인식하는 시공간의 뒤틀림에 흔들리면서도 계속 강해지고 있다.

일반 상대성 이론과 양자역학을 통합하려고 했을 때 솟아 나오는 시공간의 뒤틀림은 양자장이라는 가정으로 해결된다. 시공간은 각 점들이 동적으로 진동하는 내부구조를 겸비하고 있다. 주름의 크기보다 훨씬 작은 장으로 운동의 영향을 미리 더해 두면 주름을 받아들일 수 있다. 이것이 양자역학 이론이다. 양자역학 이론은 Matsuura So의 〈시간이란 무엇인가? 최신 물리학으로 살펴보는 '시간'의 정체〉(고단샤 2017년 발행)에 의하면 iPS 세포(유도만능줄기 세포)와 비슷하다고 한다. 우리들 사람을 구성하는 세포는 심장은 심장, 피부는 피부로 고정된 역할이 리셋되는데 모든 세포로 분화시키는 능력을 되찾을 수 있다는 것이 iPS 세포이다. 그에 대해 양자역학 이론은 '우주개벽 순간에 시간도 공간도 양자장도 아니던 무언가가 진화 과정에서 역할이 고정되어 현재의 시공간과 양자장이 만들어졌을 것이라는 시나리오'를 주장한다.

Matsuura 교수는 어디까지나 비유라고 하지만 만일 그렇다고 한다면 현재 고정된 시공간과 양자장의 세계무대에서 활약하는 팍스 아메리카나를 리셋하여 우주개벽의 순간으로 되돌릴 방책을 세울 수는 없을까? 그렇게 된다면 팍스 아메리카나 자체가 와해될지 모른다. 팍스 아메리카나가 이런 '도전'에 '응전'할 수 있을까?

잠 못들 정도로 재미있는 이야기

상대성 이론

2020. 5. 25. 초 판 1쇄 발행
2024. 1. 31. 초 판 2쇄 발행

지은이 | 오미야 노부미쓰(大宮 信光)
감 역 | 조헌국
옮긴이 | 이영란
펴낸이 | 이종춘
펴낸곳 | BM (주)도서출판 성안당
주소 | 04032 서울시 마포구 양화로 127 첨단빌딩 3층(출판기획 R&D 센터)
10881 경기도 파주시 문발로 112 파주 출판 문화도시(제작 및 물류)
전화 | 02) 3142-0036
031) 950-6300
팩스 | 031) 955-0510
등록 | 1973. 2. 1. 제406-2005-000046호
출판사 홈페이지 | **www.cyber.co.kr**
ISBN | 978-89-315-8880-4 (03440)
978-89-315-8889-7 (세트)
정가 | 9,800원

이 책을 만든 사람들
책임 | 최옥현
진행 | 김혜숙, 최동진
본문 · 표지 디자인 | 이대범
홍보 | 김계향, 유미나, 정단비, 김주승
국제부 | 이선민, 조혜란
마케팅 | 구본철, 차정욱, 오영일, 나진호, 강호묵
마케팅 지원 | 장상범
제작 | 김유석